全★彩★圖★解★版

MILITARY AIRCRAFT

# 戰鬥機
## 設計與運作原理

王峰天 著

帶你了解戰機的外型、材料、引擎，
實戰能力，與武器的科學。

晨星出版

# 審定及推薦序

　　作者皞天是我曾教過航太工程概論課程的學生，當時有感於大一航太工程概論沒有一部較合適的教科書，大部份科普的書沒有一些較進階的概念與方程式，但真正進入專業的領域則方程式太多，對大一尚未學過微積分與流體力學等基礎專業科目的學生而言又太深了。無論國內外，針對航太科系大一航太工程概論的需求，或許只因小眾的需求，要找一本介於科普與專業課程之間教科書確是困難的，因此，在本校航太系的教學，後來劃分成許多不同的章節，請各領域的教師來協同上課，把各領域最基礎的概念講得更清楚深入一點。

　　我曾經萌生找這幾位航太工程概論授課老師共同來出一本書，每位老師各自負責專業領域的內容，再統整合成一本書。然而，要編輯一本書所需面對最困難的問題是如何獲得各種蒐集照片來源的授權？成為現代出書的新障礙，也因此打消了念頭。

　　當我看到皞天的這本書時，令我很驚訝；他這本書完全解決了我心目中的二個大難題——介於科普與專業間的書，及引用眾多照片但又都有自己拍攝及找到了提供人士的授權。因此，我敢說，這一本書是航太概論最接近教科書的內容，也因此我願意鄭重地推薦給各大學具有航太系的學校，或各大學機械相關系所有開授航空概論的課程使用，儘管本書強調以戰機為主角；當然對眾多非本科的航太迷也是最佳進階知性參考書。因為我自己也曾一段時間喜歡攝影，發現本書包含這些自拍或提供者的照片，顯然都是航太迷裡頭頂尖的攝影者及在航太領域裡有相當知名度的拍攝者（雖然只用英文名字），可以看到飛機高速時的氣流引

生對稱渦流的流動現象，也是研究戰機氣流可視化的最佳呈現教材。同時作者對戰爭歷史的蒐集瞭解，一路鋪陳下來，對人類廿世紀才加入的航空器，或以戰爭角度來看的「戰機」顯然也是左右人類歷史很重要的科技。

　　作者參考很多不同來源資料，其中不少也蒐集到對岸的資料及照片，很難得的是他會根據所討論的專業領域去描述不同戰機的若干特性，類似從現有的機型去歸納它的專業屬性及差異；因此，這些必須從博物館的飛機裡去找，從照片也看到他應該到過不少博物館，也見證內行者看門道的功夫。當然，他也試著調和兩岸的用語，以這個部份而言，對我審訂的過程也遇到一些挑戰，我也只能儘可能以台灣目前的用語為優先，但若干語法未來要慢慢變成兩岸通用或各自沿用可能還是需要一段時間的歷煉，畢竟兩岸分開多年，對航太新科技的快速發展，我們還有需要加強的空間，但作者願意勇敢地踏出這一步，已屬難得。

　　最後，還是勉勵作者繼續努力，對未來航太科技及文化的傳承可多出一些心力，並期待在這波國機國造之際，可再起一波航太人才的高峰，並為台灣未來產業帶來更多元的發展空間。

**國立成功大學航空太空工程學系教授及前系主任**
**賴維祥**

2022 年 10 月

# 飛翔是生命共同的夢想

飛翔，是生命藍圖共同的試探，是征服最後一片的天空。想飛，是生命共同的願望與夢想。生命各自創生了奧妙的裝備：蒲公英的種子、昆蟲的翅翼、飛鼠的滑翔翼、蝙蝠的翼膜、翼龍的翅膀、鳥的羽翼。他們都想飛、各自創生了奧妙的裝備，異曲同工，彩繪出巧奪天工的生命藍圖。

——*Taking Wing：Archaeopteryx and the Evolution of Bird Flight*

我的學習經驗和知識積累，當我在閱讀一本書時，通常都會從研讀「自序」、「導讀」或「推薦序」開始，形成初步概念之後，再逐章依節的詳實閱覽並汲取精華，猶如「海鷗之所以在海上覓食，是因為牠們需要。」因此，作者或出版社在精挑慎選導讀、推薦序或評論時，通常會邀請業界頂尖、學富五車或論證嚴整的專家學者來擔綱此一重任。

我不屬於前述的專家學者，然接獲國立成功大學航空太空學系賴維祥教授的訊息時，我僅詢問作者為什麼要寫這本書？又為何找我寫推薦序？以及作者的背景資料等簡單問題，並大略瞭解他對於航空太空知識和領域的興趣、熱情、專注與投入。如此抱持夢想、選擇和堅持的築夢者，應屬鳳毛麟角，真正難能可貴，忽聞航太種籽，讓我感動莫名，二話不說，一口答應。我想，這應該就是賴教授的邀請初衷，更是我們相知相惜超過二十年的十足默契。

**一切都是誘因的問題！找對人、用對方法、做對事的關鍵思考**

2015 年 3 月 2 日，轉任漢翔公司，積極倡議並每年主辦「臺灣航太產業與政策論壇」，曾邀請一位擔任美國普渡大學航太系主任的教授，以「航太人才培育」為題的演講，他表示該校及美國其他大學的航太系

所，畢業之後十年仍留在專業領域的人才超過八成，反觀國內航太系所畢業且從事該專業領域的比例相對極低，此一現象值得深思與務實探究。簡單分析原因，不外是市場需求、就業環境、國家政策及航太夢想等誘因，這就是臺灣僅有三所航太系所的大學，始終無法增招學生，以及吸引學子的關鍵因素。

初到漢翔第一個禮拜，單位簡報說明「臺灣航空產業現況」時，我立刻驚覺從 1999 年到 2003 年的四年當中，整個臺灣航空產業的年產值及漢翔公司的年營收，均自第一次成長的高點，重摔下來，嚴重萎縮。我們花了 15 年的奮力迎頭，才重回 1999 年的營收水準。我還刻意停在這頁簡報，認真聆聽同仁訴說當時的心情故事和艱困歷程，令人揪心盈眶。

同仁形容，當時我國欣喜若狂地從法國及美國獲得幻象（M-2000-5）及 F-16A/B 戰機，迅即將經國號戰機（IDF）的需求數量砍半，漢翔在這個時期剛好量產結束，又沒有新接的業務及進入民機市場的經驗，幾乎都快關門，同仁開始拎個皮箱到處尋找商機，甚至從捷克進口藥酒，專用輪椅、軌道車廂、汽車電子、沼氣發電等通通都做，現在賣得很夯的抗壓坐墊，也是當時開發的。

其實，當首見「臺灣航空產業現況曲線圖」時，我立刻想到三項可能因素與重大影響，包括：政策缺乏延續性、產業結構不完整及人才傳承的急迫性，必須儘快尋找出路。基此，我們整合公司的人才優勢和既有資源，籌辦「臺灣航太產業與政策論壇」，積極推動國防自主政策，期望形成國內共識；首創「臺灣航太產業 A-Team 4.0」聯盟，力倡「精實體質、提升競爭」，俾利籌組臺灣隊打國際盃；運用「國機國造」較

大計畫的機會，進用適量專業人力，為未來三十年的臺灣航太人才奠基。

　　當時，揭櫫臺灣航太產業未來發展的命脈，必須依賴三個關鍵要素和三項重點工作。關鍵要素係在親身走訪全球指標性航展、供應商大會、國際航太論壇後，所領悟到的收穫，包括人才、爐灶和柴火；而重點工作則是要求經營團隊最須聚焦的項目，包括國機國造、智慧製造及供應鏈整合，俾能創造國機國造及民機市場的無限機會。

　　因此，除了拓展國際民用航太市場的設計製造及國內軍用飛機的性能提升與戰備維持之外，更積極規劃及落實推動「空軍新式高教機案」，自 2017 年 4 月 25 日與中科院簽約，迄 2020 年 6 月 10 日完成公開首飛，歷時僅三年兩個月不到，舉世均屬難得，足證漢翔公司與國內供應鏈的精熟技術和卓然成就，深值欣慰。

### 看見優勢與機會之窗的洞見

　　知名產業調查機構 PwC（PricewaterhouseCoopers，於臺灣為資誠聯合會計師事務所）於 2018 年發布《2017 年航太製造業吸引力評比報告》指出，綜合研究包含製造成本、勞動素質、基礎建設、產業規模、地緣政治風險、經濟實力及賦稅優惠等七大類，發展出 33 項量化指標，綜合評估一個國家的「航太製造業吸引力」，臺灣首次進入前十名，總體排名第六。雖後續幾年的排名略有起伏，然仍證明臺灣航太製造的實力與潛能。

　　從國家總體人才培育及產業策略等目標觀之，航空與太空發展確實是先進國家科技水準的明確指標，更為技術領先的戰略性產業，無不傾全力發展。臺灣在航空與航太產業的技術發展與市場規模明顯落後，必

須急起直追，並藉半導體、資通訊電子、精密機械、金屬材料及加工技術等的整合綜效，應該掌握此一難得機會，發展屬於我們優勢的航太產業。

另從大學肩負人才培育之重責大任的角度而言，必當適時且充足提供國家、產業、企業的人才，誠屬應然之責。合作企業與法人必須考量國家總體目標、產業發展優勢、大計畫的引領及產品定位與供應鏈整合等關鍵因素，並在誘因、連結與關鍵的人等驅力之下，確實做到視野、胸襟、決心的堅持，方以為之。

值此政府積極推動半導體政策，並挹注大量資源於是類產業，全國頂尖大學均爭相成立「半導體學院」，已然產生「人才磁吸效應」，雖多數專家預示未來半導體需求恐殷及持續發展的相對潛力，然國家人才總體配置必定失衡，以及其他產業推動的人力困境，可以預見。上個世紀偉大的《管理學大師》彼得‧杜拉克強調一個人的學習成長或企業組織的目標訂定，應俱「優勢、機會、價值觀」之概念，意指盤點優勢、掌握機會、創造價值。各大學應抓住此一絕佳機會，有效運用我們的優勢，提供相關產業（半導體之外）更優質的人才，宜儘早規劃、執行並落實。

美國的航空、太空發展激勵年輕學子的夢想實現、生活改善與聲譽成就，這些都是招生規劃與學程安排時就應清楚明確，並做好具有誘因的設計，透過嚴謹的甄選、評核及去蕪存菁等機制與手段，確保人才的選訓合一與長留久用。此外，企業應扮演產業引導的角色，發揮產業鏈的影響力，提供產學合作的機會，而其精神則在於一致的目標與共同的需求。

### 飛翔是生命共同的夢想

人類從鳥類飛行史的啟發和追尋，經過數千年的努力之後，夢想成真。1490 年代李奧納多‧達文西（Leonardo da Vinci）開創飛行夢想的先河，描繪出跟現在很接近的直升機，並試著做出四人操作的飛行機器，惟失敗告終。直到經過近五百年，人類才把直升飛機做出來並商業化運用。

萊特兄弟（Wilbur and Orville Wright，Wright brothers）於 1903年 12 月 17 日讓「飛行者一號」升空，創造了人類駕駛動力航空器的飛行史，首飛的駕駛奧維爾‧萊特（弟弟）只飛行了 12 秒，航程 120 英尺。他們的一句名言：「據我所知，鸚鵡是一種會講話的鳥類，但牠們飛得不高。」百餘年來，世界上的航太科技發展，可謂突飛猛進，一日千里。

總的來説，人類運用智慧、累積經驗、冒險犯難、創新突破、堅定決心並與時俱進。歷史上除了戰爭與疾病之外，奪走生命的前三名都是人類發明、設計、製造和運用的工具：車輛、飛機、船艦。然卻在前人的前仆後繼、流血犧牲與不斷挫敗當中，創造了移動遷徙、開疆闢土、

基礎建設、經濟發展和人類文明的巨大推力，成就今日的繁榮富饒和科技進步。深究原因，就是人類對於知識探索的好奇心、勇於嘗試的冒險精神、追求真理的科學探索及永不停歇的創新研發。此與作者竭力完成本書的精神和意志，不謀而合，殊值鼓勵。

　　作者開章首頁即以「戰機的發展史，與本書目的」，並敘明本書的內容及定位，冀期提供設計工程師、製造技術人員、飛行員和維修保養人員之基本認識和進階研究之運用。因此，著重於各種科學原理的解釋，從航空工程的角度探討關於飛機外型、結構、材料、發動機、控制及航電系統等介紹。最後，分析、評估與總結戰機的性能及作戰效能。整體架構合理明確，論述舉證清晰有據，理論實務兼容並蓄，圖片引用豐富多元，確屬國內難得著作，值得推薦閱讀參考。

**漢翔航空工業股份有限公司前董事長**
**廖榮鑫**

# 作者序

一本書的序,是作者寫給讀者的一封信。此刻,我很榮幸能夠寫給各位讀者這樣的一封信。

書前的您,或許是在書剛出時,或幾個月、幾年甚至幾十年之後才看到這本書。不論如何,我都非常感謝您打開這本書,並希望這本書能夠讓您有所收穫。

這本書的源起,是我在 2021 年 8 月寫了一篇關於飛機穩定與控制的文章,想投稿到國內某軍事雜誌,當時雜誌社編輯吳先生看到這篇文章,就鼓勵我寫一系列完整文章來介紹飛機。儘管最後那些文章因篇幅和定位較不適合軍事雜誌而未刊出,但仍感謝吳先生讓這本書有了最初的雛形。

兩個月後,我整理集結這些投稿未成功的文章,變成一本精簡的電子書,並免費在網路上分享。我特別感謝臉書粉專 James 的軍事寰宇,以及馬卡耶夫、單單機長説等 Youtuber 願意在這階段幫我分享電子書,讓它在短時間內就有數千次下載,且獲得許多讀者的正面迴響,給了我一定信心。最重要的是,就在那時,我大學時期最要好的朋友之一——唐嘉宏先生,提出了出實體書的想法。在那之前,我從未有過要出書的念頭。要不是他的提議,這本書可能到現在都還只是個流傳在網路上的電子檔,非常感謝他。

2022 年初,我花了一些時間,把原本電子書的內容幾乎全部重寫,最後擴增了五到六倍的內容;隨後投稿到晨星出版社——也就是這本實體書現在可以出現在各位面前的最重要功臣。由衷感謝晨星出版社願意接受我的投稿,讓這本書得以問世。在那之後半年的時間,我也要感謝所有提供圖片給我的朋友,以及這本書的編輯——許宸碩先生,有編輯的努力與辛勞,才能成就這本書的出版。

我寫這本書，並不是為了獲取什麼名利，而是身為一個接受過正規航太工程訓練的工程人員，我想把我的所見所學分享給所有對飛機有興趣的朋友。我知道並不是每一個人都有時間與機會讀四年的航太系、兩年的航太所（甚至攻讀博士學位），但我仍希望讓所有愛好飛機的讀者，能藉由這本書去盡量體會那些工程原理背後所蘊含的核心精神，這也可以算是渺小的我對這世界的一點點貢獻。一如我選擇理工專業的初衷——造福人類，讓世界一點一點地變得更進步、更美好。

　　生命有限，但思想與意識可以長存。或許很久以後，我的書只會靜靜放在圖書館某個不起眼的角落，但只要有新讀者翻開了這本書，並在閱讀時獲得了他以前所不知道的知識，這本書就仍在發揮它的價值。

　　最後，感謝我的家人、師長、朋友，以及所有對這本書有貢獻的人。

　　我由衷希望這本書能讓所有愛好航空的讀者獲取更多專業航空工程知識，然而，這僅僅靠我自己的力量是不夠的，還需要您，本書的讀者，希望您也能把這本書分享出去，讓我們一起完成這份理想，謝謝！

**王皞天**

2022 年 10 月 20 日

# 一覽各式戰鬥機風采

▶參與八年抗日戰爭的飛虎隊 P-40。Photo：作者

▶ F-16AM（F-16V）Photo：Jepuo Tsai

▶編號6609的F-16A八一四空戰勝利80周年彩繪機，亦為中華民國空軍第一架F-16A，
現已完成中壽性能提升，成為F-16AM。Photo：Jepuo Tsai

▶ F-CK-1（亦稱為經國號、IDF 戰機）。Photo：Jepuo Tsai

▶殲 10B（J-10B）。Photo：Jepuo Tsai

▶幻象 2000-5（Mirage 2000-5）。Photo：C.H.Tang

▶ AT-3 教練機、F-16、幻象 2000-5、F-CK-1、F-5。Photo：Rulong Ma

▶ Su-30MKM。Photo：Jepuo Tsai

▶ F-15SG。Photo : Desmond Chua

▶歐洲颱風戰機（Eurofighter Typhoon）。Photo：M. H. Liao

▶ F-35B。Photo：作者

# 前言：戰機的發展史，與本書目的

▶準備降落於台南空軍基地的 F-CK-1 戰機 。Photo：作者

飛機的發明，讓人類得以在短時間內進行長距離的運輸，這種革命性的高效率交通方式對人類社會的發展產生了巨大的影響——當「天空」和海洋一樣，成為一種交通要道，或甚至某種無形的資源時，各個國家為了保障其主權、維護國家利益，便紛紛組建「空軍」以掌控天空，把守「制空權」。

1903 年，美國萊特兄弟首次實現了可控的動力飛行，被絕大多數人認同是飛機的發明者；此時的飛機在型態上採取雙翼設計，材質使用實用化的木頭材質，推力源自往復式活塞引擎。

在十幾年後的第一次世界大戰，歐洲戰場的上空就出現了輔助地面作戰的偵察機；而為了對抗偵察機對己方陣線的偵察——第一架戰鬥機出現了。只不過，早期的戰鬥機只進行最簡單的空戰與有限度的少量投擲炸彈，跟現在不可同日而語。

1918 年，一戰快結束之前，英國皇家空軍成立，成為人類歷史上第一支空軍。

在一戰之後到二戰初期，工業化帶來的人類科技快速發展，使得愈來愈先進的技術得以被使用在飛機上，而戰鬥機也從雙翼變成單翼、木質材料變成全金屬機身，並安裝上更輕、馬力更大的往復式活塞引擎——1938 年正式服役的英國噴火戰機，就是全金屬單翼機的經典之作。

1944 年二戰末期，德國空軍投入 Me 262 戰機，是人類首次使用渦輪噴射引擎的戰機，戰機就此進入噴射時代。

二戰結束後，世界進入近半世紀的冷戰，各國由於政治、軍事上的緊張，大力發展航空工業，戰鬥機技術也在這段時期完成了好幾次更新換代：從第一代的 F-86、MiG-15，第二代的 F-104、MiG-21，第三代的 F-4、MiG-25，到第四代的 F-15、F-16、Su-27、MiG-29 等，大致上的

進化是：主要武器從機砲變成飛彈，飛行性能從高空高速到靈活機動，空戰能力從視距內到全天候超視距。

1997 年，美國 F-22 首次飛行，不僅在飛行性能上有所進化，更是世界上第一架具有雷達匿蹤外型的空優戰機（這類戰機以確保空中優勢為主要任務，基本上只進行空對空作戰，不執行對地或對海打擊的戰機），以及第一架第五代戰鬥機。

綜觀戰鬥機到現在這一百多年來的演進，主要目標始終是爭奪制空權，但自身能力不斷隨日益新穎的科技而進化，空戰戰法也更加精進。

此外，現代戰機能力更加多元，開始兼顧對地、對海的打擊任務。隨著功能的擴增，現代戰機在戰場能執行更多樣化的任務。

## 本書的內容及定位

要認識並研究一架飛機，大致可以從幾個面向出發：

· Design-Engineer（設計─工程師）：從航空工程師的角度，去瞭解飛機設計的原理——這也是本書的定位。
· Manufacture-Technician（製造─技術人員）：從技術人員的角度，去認識飛機生產製造的加工過程。
· Operate （Flight）-Pilot（運行─飛行員）：從飛行員的角度，去體會如何操作、駕馭飛機，以及實際飛行時會面對的諸多考量。
· Maintain-Technician（維護保養─技術人員）：從機務的角度，去探討如何對飛機內的各種系統進行維護、保養。

本書的內容，會著重於各種科學原理的解釋，從航空工程的角度，以目前現役的第四代、五代戰機為主要研究對象，逐一探討關於飛機的各個領域：

- 氣動力外型
- 結構與材料
- 航空發動機
- 穩定與控制
- 飛行性能分析
- 航空電子系統

接著則會介紹戰機的武器和空戰時與戰機搭配的其他平台：

- 飛彈、預警機與加油機。

然後，本書會帶領讀者，運用前面所學到的知識來評估、分析一架戰鬥機各個面向的指標，把 F-16 這款經典的輕型戰機當成一個研究的實例，並一同介紹我國與外國目前的主力戰機。最後，我們也會帶出戰機及其他飛行器在設計考量上的不同：

- 評估戰鬥機作戰效能的方式
- 實例探討
- 其他飛行器

# 目錄
Contents

審定及推薦序 賴維祥 ·······················································002

飛翔是生命共同的夢想 廖榮鑫 ··········································004

作者序 ·············································································010

一覽各式戰鬥機風采 ·························································012

前言：戰機的發展史，與本書目的 ·····································018


CHAPTER 01 **氣動力外型**

一、空氣動力學 ································································028

二、升力的來源 ································································032

三、阻力的產生 ································································045

四、實際戰鬥機的氣動力外型 ············································054


CHAPTER 02 **結構與材料**

一、靜力學與材料力學 ·····················································063

二、機身的結構 ································································072

三、機翼與尾翼 ································································078

四、起落架 ······································································083

五、安全係數與循環次數 ··················································086

六、材料的選用與考量 ·····················································090

# CHAPTER 03　航空發動機

一、引擎的種類 ································································ 094

二、噴射發動機的構造 ·················································· 097

三、發動機的熱力學概念 ·············································· 114

四、渦輪噴射發動機的熱機循環圖——布雷頓循環 118

五、總結：評估發動機性能好壞的指標 ····················· 123

# CHAPTER 04　穩定與控制

一、基本知識與概念 ···················································· 127

二、分析縱向配平所需概念 ·········································· 134

三、縱向配平分析：壓力中心與重心在同一點 ··········· 138

四、縱向配平分析：重心在前、壓力中心在後 ··········· 140

五、縱向配平分析：壓力中心在前、重心在後 ··········· 145

六、超音速時的縱向配平變化 ······································ 151

七、側向的穩定與控制 ················································ 152

八、方向的穩定與控制 ················································ 154

九、總結 ····································································· 156

## CHAPTER 05 飛行性能分析

一、水平等速飛行分析 ································· 159

二、空中機動 ································· 167

三、高度一馬赫一單位剩餘功率圖 ················· 177

四、航程與續航力 ································· 180

五、起飛與降落 ································· 186


## CHAPTER 06 航空電子系統

一、整體航電架構 ································· 193

二、雷達 ································· 197

三、匿蹤 ································· 204

四、防禦系統：警告與應對方式 ················· 212

五、電子戰 ································· 214

六、其他航電和各種輔助設備 ··················· 217


## CHAPTER 07 飛彈、預警機與加油機

一、飛彈 ································· 221

二、預警機與加油機 ····························· 232

## CHAPTER 08 評估戰鬥機作戰效能的方式

一、是否具備匿蹤能力 ································································ 236

二、雷達等航電的等級以及飛彈的優劣 ································ 237

三、航程與載彈量 ···································································· 239

四、飛機的機動性 ···································································· 240

五、可靠性及實戰效果 ···························································· 243


## CHAPTER 09 實例探討

一、F-16 ··················································································· 246

二、F-CK-1（經國號戰機） ··················································· 260

三、幻象 2000-5（Mirage2000-5） ····································· 263

四、世界各國的先進戰機 ························································ 265


## CHAPTER 10 其他飛行器

一、民用大型客機 ···································································· 273

二、無人機 ··············································································· 279

三、直升機 ··············································································· 282


參考資料 ··················································································· 288

延伸閱讀 ··················································································· 288

感謝母校國立成功大學 ·························································· 296

CHAPTER 01

# 氣動力外型

▶ Photo : Jepuo Tsai

飛機（Aircraft），一如所有的飛行器，是在充滿空氣的海洋裡航行。

飛機的氣動力外型設計，從根本上定義了這架飛機——它是一架以省油、高航程和續航力為主要要求的運輸機，抑或是以超音速飛行、能夠靈活機動為目標的戰鬥機。在氣動力外型的設計上，主翼（wing）、機身（fuselage）、水平尾翼（horizonal stabilizer）和垂直尾翼（vertical stabilizer）的外型，以及它們合併在一起之後的整體形狀，會決定整架飛機在特定飛行條件下會產生多少升力，並相對要付出多少的阻力為代價；而升力和阻力的大小分布情況，對這架飛機的穩定性、靈活性也有影響。

空氣動力學對氣動力外型的討論，很大程度上是著重在飛機升力和阻力的探討與分析，而某種程度上來說，**升力和阻力「系出同源」**——它們都是一個物體在一個流場中所感受到的、被該流體施加的力（這包含壓力所造成的力和摩擦所造成的剪力），只不過在飛機所受的所有氣動力中，把飛機往上抬的垂直分量被稱為升力，阻止飛機前進的水平分量被稱為阻力。

飛機的升力主要由機翼提供，機身、水平尾翼提供的升力很小；飛機的阻力主要由機身和主翼造成，水平尾翼和垂直尾翼所造成的阻力較小。

但是在開始討論升力和阻力之前，我們要先對氣流有一點基本的認識。

# 空氣動力學

空氣，一如絕大多數的流體（fluid），是**可壓縮**（compressible）**且有黏滯性**（viscous）的。

## （一）可壓縮性與馬赫數

### 可壓縮性

可壓縮性，意味著空氣的密度可能在流動的過程中發生變化。

在靜止的狀態下，影響空氣密度最主要的因素為海拔高度；在大氣層之中，空氣的密度和溫度會隨著高度，甚至地理位置和季節而變化。一般來說，低空的空氣密度大、高空的空氣密度小，飛機的巡航高度都在三萬五千英呎左右的平流層之中，飛機飛行高度對應的空氣密度，對飛機本身和航空發動機來說，是一項重要參數。

當空氣開始流動時，空氣本身多少會被壓縮，但當氣流的流速在 0.3 馬赫（Mach，會於下面說明其意義）以下時，壓縮的現象並不明顯，我們可以將其密度當成常數，將氣流視為不可壓縮流。

### 馬赫數

所謂的馬赫數（Mach number），是一種無因次化參數（dimensionless parameter），它的物理意義為流場慣性力和可壓縮性引起的力的比值。飛機飛行的馬赫數，或更標準的說法是流場的馬赫數，可以簡單地理解為音速的幾倍。比如 2 馬赫就代表音速的兩倍。不過，聲音的速度和空氣的溫度有很大的關係（聲波本身就是空氣受擾動、規律壓縮所產生的力學波），在寒冷的高空，聲音的傳播速度會稍慢一些，所以馬赫數不能簡單地換算成時速，因為它是飛機飛行速度和當下高度的音速的比值，必須確切掌握該飛行高度所對應的溫度、音速，才能從馬赫數精確地換算出空速（空速是指考慮可能的順風或逆風飛行後，飛機和氣流的相對速度）。

$$馬赫數：M = \frac{v}{c}$$
其中 v 為飛機飛行的速度、c 為該空域的聲音速度

## （二）黏滯性、邊界層與雷諾數

### 黏滯性

至於黏滯性，水或油等生活中常見的流體或多或少都有黏滯性。

空氣相對來說算黏滯性較小的流體，它的黏滯性和溫度有關，在大多數的公式推導中，我們會把空氣當成不具黏滯性的流體來做討論。在探討遠離流場中物體的自由流（free stream）時，這樣的假設是暫時可接受的，但黏滯性造成了一個很重要、不可忽略的現象：邊界層（boundary layer）。

### 邊界層

　　邊界層（這裡說的是速度邊界層，velocity boundary layer）是指當流體流過一物體時，流體從和物體接觸的地方（速度為零）到自由流（流速即為流場本身流速）之間那一層速度漸漸過渡、流速慢於自由流的區域。邊界層順著物體的輪廓攀附，厚度很薄，通常當流體剛流到一個物體上時，邊界層主要是**層流**（laminar flow），在隨後的發展中它會經歷一小段**過渡**（transition）後變成**紊流**（turbulent flow）。

### 層流、紊流與渦旋

　　在層流之中，流體分子大多平穩地向前方流動，可視為一層一層疊在一起向前流，各層之間流動的方向平行；在紊流之中，流體分子前進的方向較不規則，除了向前之外還會往各個方向流動、彼此相互碰撞，並在流場中形成數個渦旋（eddy）。

### 雷諾數

　　除了剛剛提過的馬赫數之外，雷諾數（Reynold number）也是一個很重要的無因次化參數，它的物理意義為流場慣性力和黏滯力的比值。雷諾數愈大，黏滯力的作用就愈小、愈可以忽略。

$$雷諾數：Re = \frac{\rho VL}{\mu}$$
$$\mu \text{ 為黏度、} \rho \text{ 為流體密度、} V \text{ 為流速、} L \text{ 為特徵長度}$$

雷諾數小的流場，代表它是以層流為主，雷諾數中間的流場，代表它正處在層流與紊流的過渡期，雷諾數大的流場，代表它是以紊流為主。

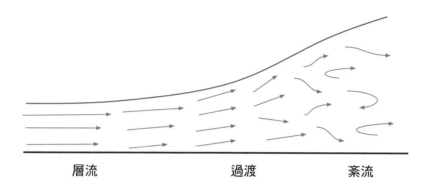

層流　　　　　　　過渡　　　　　　紊流

▶從層流過渡到紊流的過程。

　　在對氣流有最基本的概念之後，我們可以開始了解升力與阻力的形成。

# 升力的來源

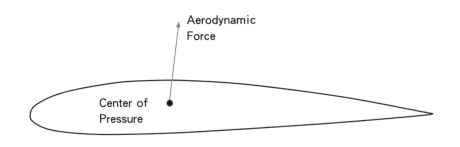

▶空氣動力的合力（Aerodynamic Force，空氣動力）
及其作用點（Center of Pressure，壓力中心）。

　　升力（lift）主要來自於機翼。

　　機翼，就是設計成在流場中能產生盡量多的升力、並付出盡量少阻
力的形狀。這裡，先讓我們考慮**二維流場**的情況：在二維的視角中，機
翼就是一種前方圓鈍、前半部至中部較厚、最後再變細收斂的細長狀流
線型剖面，這樣的形狀我們把它直接稱為**翼剖面**（airfoil）。

## （一）翼剖面

▶翼剖面 。Photo：作者

　　翼剖面的形狀可細分非常多種。不同的上下表面曲線變化、沿著弦長（chord length）方向不同的厚度變化，都會造就出不同形狀、在流場中的效應也各異的翼剖面。

　　要產生升力，翼剖面的形狀是個很關鍵的元素。

　　翼剖面不只用於機翼，它還被廣泛應用於許多需要在流場中製造或汲取「力」的各式舵面，包含水平尾翼、垂直尾翼、螺旋槳，渦輪扇發動機的扇葉、壓縮機、渦輪等，它們都是由各式各樣的翼剖面構成。

　　除了翼剖面之外，另外一個關鍵元素就是**攻角**（AoA，Angle of Attack 或 Angle of Incidence）。

## （二）攻角

　　攻角是指機翼弦線與氣流方向的夾角。通常情況下，飛機的機翼水平固定於機身，故飛機的攻角等於機翼的攻角。

　　攻角的概念也可以用在尾翼、螺旋槳、渦輪等具有翼剖面的結構。

**氣流**

▶攻角的定義是機翼弦線與氣流方向的夾角，不是與水平方向或飛機前進方向的夾角。

▶勇鷹高級教練機以微小攻角進行降落。Photo：Jepuo Tsai

了解完翼剖面和攻角之後，我們便能開始探究升力產生的方式。

## （三）升力的來源

　　升力的產生，是翼剖面上表面的曲線，和下表面的曲線，它們在面對迎來的氣流、讓氣流經過它們，最後讓氣流離開它們的這整個過程中，改變了氣流的流動方向——氣流會大致順著翼剖面上半部和下半部的曲線流動；其中，代表氣流流動方向的線我們稱為**流線**（streamline），而「被彎曲」的流線，在意義上等同於在一個平直氣流（uniform flow）的流場上疊加了一股渦流（vortex flow），這股渦流，就是升力的來源。

　　如果我們把機翼周遭內渦流的渦量進行加總（數學上是進行封閉積分），就可以得到環量（circulation）；這股環量再乘上空氣的密度與流速，就能得到二維升力（單位翼展長度所獲得的升力）。

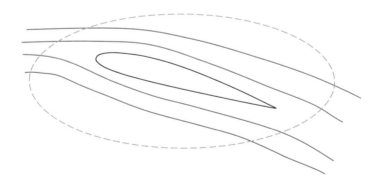

▶把綠色虛線內所有的渦量（vorticity）加總起來就可以得到環量。

▶攻角過大造成失速。

　　剛剛提到的攻角（也就是翼弦線迎接氣流的角度）和翼剖面的彎曲程度、厚度，三者一起決定了環量的大小。機翼可以藉由前端縫翼（slat）和後端襟翼（flap）的伸展，使得整體形狀更彎曲，幫助主翼獲得更多升力，這類裝置稱為高升力裝置（high lift devices）。至於攻角，通常其角度愈大，機翼所能產生的升力就愈大，但是當攻角大過臨界值時（該值稱為**臨界攻角**），上翼面的氣流就會無法再順著翼剖面上半部的曲線流動，而導致氣流剝離、升力驟降，這個現象就稱為**失速**（stall）。

　　使用高升力裝置、增加攻角可以使機翼獲得更多升力，但與此同時也會使機翼承受更多阻力。

　　也有一小部分的升力是來自於空氣流經機翼表面時，空氣摩擦機翼表面所造成的剪力所累加。

▶ F-18 的襟翼可以大幅往下打。Photo：Desmond Chua

## （五）三維流場的升力

　　實際的**三維流場**中，機翼的長度是有限的，在機翼末端，相對高壓的下翼氣流會與相對低壓的上翼氣流混合形成翼尖渦流，這等於降低了機翼的有效攻角，也就是說，三維機翼最後產生的升力大小不會像二維機翼單純乘以翼展後那麼理想。

　　這差距的程度要看展弦比（Aspect Ratio，AR）和翼尖小翼（winglet）的設計。**展弦比**是描述機翼細長或粗短程度的指標，其定義為翼展（span）的平方再除以翼面積。展弦比愈高的機翼，翼尖渦流就愈小，機翼產生的三維升力也就愈接近二維的理想情況。

　　更專業來說，機翼的展弦比和其他的立體設計——如對梯形翼而言，翼尖弦長與翼根弦長的比值：「漸縮比」（taper ratio）的不同，或從更廣泛的角度來說，梯形翼、橢圓形翼、三角翼等翼面形狀的差異——也會影響其表面升力的三維分布情形（lift distribution）。

只不過，高展弦比設計並不利於超音速飛行時震波阻力的降低（詳見下一節「阻力」）。

▶ AT-3 教練機需在中低空、中低速有良好的操控性，展弦比最高。Photo：Jepuo Tsai

▶幻象 2000 重視高空高速性能，展弦比最低。Photo：Jepuo Tsai

▶ F-16 以中低空纏鬥的靈活性為目標，展弦比介於前兩者之間。Photo：Jepuo Tsai

## （六）升力來源的兩種切入視角：空氣的動量改變，與上下翼面的壓力差

簡單來說，升力的產生是由於單位時間內空氣的動量被改變了。

空氣本身具有質量，再考慮其處在流動狀態下的速度大小，氣流本身是有動量的。機翼藉由改變氣流的流線，使氣流往機翼下方偏折，讓氣流的動量多了一個向下的分量，與此同時，根據動量守恆原理，機翼就會得到一個向上的動量，在單位時間之內動量的改變所產生的力，就是升力。

一個升力來源的常見錯誤觀念，是機翼上表面較長、下表面較短，氣流為了在翼前緣分開後能在翼後緣會合，上翼面的氣流必須跑得比較快、下翼面的氣流必須跑得比較慢，然後再根據**柏努力公式**（Bernoulli equation），得知下翼面的壓力要高於上翼面……。

然而，這是**錯誤的解釋**，首先，在翼前緣分離的氣流在各自往上翼面和下翼面流動後，本來就不會也不需要同時走完整個機翼的長度並在翼後緣相會合，再者，空氣也不可能在翼前緣就先預知道接下來要走翼面距離的長短，並主動增快流過的速度，最後，柏努力公式是正確的，但它是個在極度理想化流場的假設下才能成立的公式——穩態、無重力、無黏滯性、不可壓縮，還要在同一流線上。

雖說如此，在全壓相等的情況下，靜壓高則動壓低（氣體流速慢）、靜壓低則動壓高（氣體流速快）的結論還是很重要的（**動壓**是指「$1/2 \times$空氣密度 $\times$ 空氣流速$^2$」，其物理意義是單位體積氣體所含的動能）。而且，上翼面的流速確實比下翼面還快（這和機翼所導致的渦流有關係，必須用質量守恆、連續方程式的觀念來探討），上翼面的靜壓的確相對下翼面來說較低，上下翼面的壓力乘上各自的表面積再相減也可以得到升力，算是用不同的方法來解釋升力的產生。

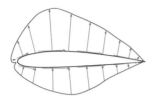

藍色為壓力分布，橘色為剪力；箭頭長度僅供參考

▶翼剖面壓力分布概略示意圖。

上下翼面的壓力，從翼前緣到翼後緣呈現連續分布的狀態。因此，升力（接下來會提到的阻力亦同）是一種「**分布力**」，是各種不同大小的力呈現連續分布在物體表面上的，而不是我們熟悉的集中作用在一個點的「集中力」；當然，我們也可以找到那堆分布力的合力，以及這個合力作用的點。

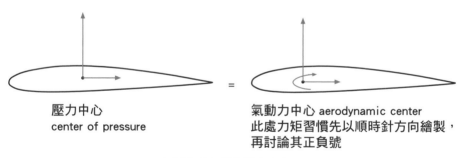

壓力中心
center of pressure

氣動力中心 aerodynamic center
此處力矩習慣先以順時針方向繪製，再討論其正負號

▶壓力中心與氣動力中心。

對於純粹的機翼而言，這個升力合力（以及阻力合力）作用的點就叫做**壓力中心**（c.p.，center of pressure，此處是指「機翼」的壓力中心，第四章會講到整架飛機的壓力中心，請勿混淆）。然而**壓力中心的位置**

**會隨攻角變化而一直移動**，想拿來做分析不是很方便。於是，我們想把作用在壓力中心的升力移到另外一個點參考點作用，並相對的在該點加上力矩以維持它們在力學上的等價。

我們發現了翼剖面上的一個點，在該點上，升力產生的力矩大小不會隨攻角的變動而變化，也就是說，隨著機翼的攻角改變、升力大小變化，作用在這個點上的升力大小也會變，但力矩是不變的，這個點就叫做**氣動力中心**（a.c.，aerodynamic center），它不像壓力中心會一直移動，氣動力中心是個在給定的馬赫數下固定幾乎不動的點，**次音速時位置大約在 1/4 弦長處，超音速時會後移到約 1/2 弦長處。**

## （八）用風洞實驗模擬飛行情形以獲得升力係數

然而，只要有氣流流經機翼，就能讓機翼獲得升力嗎？當然沒這麼單純。

氣流在吹向機翼時，除了會給機翼帶來升力，同時也會把機翼給往後吹——造成阻力。飛機飛行時，藉由航空發動機提供推力，以抵抗空氣阻力為代價，讓飛機的機翼隨時保有一股相對風（意義上等同刻意製造的逆風），進而產生升力。因此，飛機的升力並非平白無故獲得，乃是由發動機「間接」提供。

在空氣動力學的探討中，我們只關注空氣和機翼的相對運動。至於真正的情況是空氣靜止、機翼衝向空氣（飛行時的場景），亦或是空氣在流動、機翼固定在那裡被吹（風洞試驗的場景），以產生流場的效果而言並沒有什麼差別。這也就是地面風洞試驗的原理，我們可以藉由地面風洞吹等比例縮小的飛機模型，再配合同樣性質（馬赫數與雷諾數等參數相等）的氣流，模擬出飛機在實際飛行時的氣動力特徵。

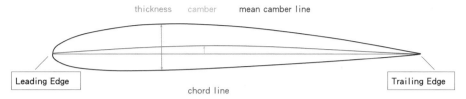

thickness    camber    mean camber line

Leading Edge                                    Trailing Edge

chord line

▶ NACA2412 型翼剖面，名詞說明：

- Chord length（翼弦長）：代號 c，筆直連接翼前緣（Leading Edge）與翼後緣（Trailing Edge）的弦線（Chord Line）長度。
- Mean Camber Line ：機翼上方曲線和下方曲線平均起來的位置所畫成的線。
- Camber：chord line 和 mean camber line 之間的最大距離。
- Thickness：機翼上下表面間的厚度。
- NACA 2412 Airfoil（NACA 2412 翼剖面）定義 ：最大 camber 厚度為 0.02c，座落於翼前緣往後 0.4c 位置，最大機翼厚度為 0.12c（Maximum camber 0.02c located at 0.4c from the leading edge, and the maximum thickness is 0.12c）。

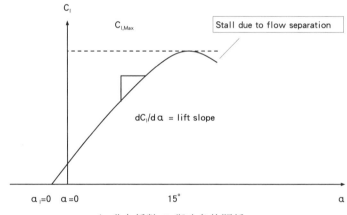

$C_l$

$C_{l,Max}$

Stall due to flow separation

$dC_l/d\alpha$ = lift slope

$\alpha_l=0$    $\alpha=0$              15°              $\alpha$

▶升力係數 $C_l$ 與攻角的關係。

Stall due to flow separation：因氣流分離而導致失速

Lift slope：升力係數對攻角的斜率

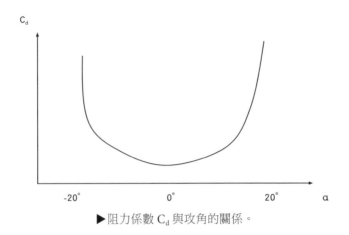

▶阻力係數 $C_d$ 與攻角的關係。

　　前面提到，二維升力（每單位翼展所產生的升力）是空氣密度乘上流速再乘上環量，三維升力還要額外考量展弦比及漸縮比等因素。為了能更方便整理升力的來源組成，可用另一種角度整理：將特定的翼剖面和固定的展弦比隨不同攻角所造成的增升效果，用「升力係數」（lift coefficient，$C_L$，下標 L 大寫是指三維升力係數）這個做大量流場實驗而得到的數值來表示，三維升力的大小就能寫成：

$$三維升力$$
$$=三維升力係數 \times (\frac{1}{2} \times 空氣密度 \times 速度^2) \times 翼面積$$
$$=三維升力係數 \times 動壓 \times 翼面積$$
$$L = C_L \times (\frac{1}{2} \times \rho \times V^2) \times S$$

　　從上面的公式我們可以看出，除了升力係數，還有空氣密度、速度、翼面積會影響升力的大小，其中速度還是成平方倍的影響，對升力的產生扮演舉足輕重的角色。

　　在實際飛行中，翼面積基本上是固定的，升力係數可以藉由攻角的改變、高升力裝置的使用來增加，空氣密度會隨著飛行高度而改變，而速度則可由飛行員調控。

# 三

# 阻力的產生

升力和阻力（drag）時常是伴隨產生的。

升力的產生，主要目的就是抵銷飛機所受的重力、維持飛行。除非飛機要進行爬升等空中機動，不然升力的大小足夠就好。提高升力的措施，比如增加飛機攻角、使用高升力裝置、飛在空氣密度較大的低空、提高飛行速度等，也會加大阻力的負擔（前二者尤為明顯）。

▶ F-16 機翼、機身和水平尾翼上有氣流的流線。Photo：Jepuo Tsai

阻力主要由壓力阻力（pressure drag）、摩擦阻力（friction drag）和超音速飛行才會有的震波阻力（wave drag）構成。

▶ F-15 打開機背減速板，幫助其降低飛行速度。Photo：Desmond Chua

　　壓力阻力，就是飛機在飛行時，由於自身形狀的關係，造成飛機前的空氣被擠壓而相對高壓，飛機後的空間則被不斷拉伸，且氣流流線常無法順著物體後半部輪廓持續附著、維持平順的層流，最後氣流自物體表面分離，產生紊流，形成相對低壓的現象；這一前一後的壓力差在作用面上所造成的阻力，就是大家熟悉的形狀阻力。更完整地說，壓力阻力是三維物體在三維流場中所造成的「前後壓力差」乘「截面積」。

　　降低壓力阻力的方法，就是**細長的流線型機身**與**圓錐形的機鼻設計**。圓錐形的機鼻和細長型的機身能讓流線更好附著跟隨，使流經飛機的氣流以層流為絕大多數，盡量延遲與減少紊流的產生，因為**層流造成的壓力阻力比紊流小**。

## （二）摩擦阻力

▶氣流流過 F-16A 的機身，造成摩擦阻力。Photo：Jepuo Tsai

　　摩擦阻力，則是氣流流過機身時，對機身、機翼表面摩擦所形成的剪力所累加。摩擦阻力的大小和氣流的黏滯程度（雷諾數）有關，機身、機翼的表面愈粗糙、表面積愈大，摩擦阻力就愈大。

　　航空器的外型設計大多以流線型為主，以減少前述壓力阻力的產生；然而，流線型的物體（如機翼）雖然相較於圓鈍型的物體（如球體）能大幅降低壓力阻力，卻與流體接觸表面積較大，而會有較大的摩擦阻力。當然，壓力阻力的降低所造成的益處仍遠大於摩擦阻力些許增加所造成的代價。

### 邊界層的影響

最後，在阻力的探討中，附著在物體上那層很薄的邊界層扮演了重要角色。邊界層分為層流邊界層和紊流邊界層。面對平直的迎來氣流，流線型的物體由於主要承受的是摩擦阻力，會比較偏好層流的邊界層，因為層流邊界層給物體表面帶來的摩擦力較紊流邊界層小；圓鈍型的物體由於主要承受的是壓力阻力，會比較偏好紊流的邊界層，因為紊流邊界層能更好的隨物體的輪廓攀附，延緩邊界層剝離的發生，從而有效降低壓力阻力，高爾夫球表面的凹洞就是依照這樣的考量而去設計的。

戰機在進行較劇烈的高攻角機動時，自然不會如平飛時一樣是以流線型的姿態迎接氣流，這時，我們希望戰機的阻力能減少（這裡指氣流剝離造成的壓力阻力），以及更重要的升力能夠維持（延後氣流剝離導致失速的臨界攻角）。這可以藉由各式各樣的渦流產生器（vortex generator，如翼前緣延伸翼）來達成——它可以產生渦流來加強紊流邊界層，使邊界層內的氣體到比較後段時，流速仍不會和周遭氣流差距太大，以利此邊界層維持更長的距離不剝離，能更好地順著飛機輪廓去附著。

邊界層的加強能顯著改善飛機的升力和阻力特性。

## （三）阻力的另一種觀點：寄生阻力與誘導阻力

在繼續討論超音速的震波阻力之前，先讓我們用另一種思維重新整理次音速的阻力。

### 寄生阻力

飛機在不同的姿態，或簡化來說，在不同的攻角時，它在流場中所受到的升力、阻力都不一樣。若我們只考量二維流場的情形（排除為了製造升力而附帶產生的翼尖渦流所造成的阻力），那麼，一架飛機所受

的壓力阻力和摩擦阻力總和，就是它的**寄生阻力**（parasitic drag）。在接近平飛的狀態下，這通常包含大部分的摩擦阻力和少部分的壓力阻力。

### 誘導阻力

讓我們進一步考慮三維流場的情形：機翼會製造上下翼面的壓力差、產生升力，上下翼面既然有了壓力差，那在三維機翼的末端，下翼面相對高壓的氣流就會往上，和上翼面相對低壓的氣流混合，形成翼尖渦流。

這個翼尖渦流（渦旋），會把剛流經機翼的機翼後方氣流往下拉、使其產生額外下洗。而氣流的下洗作用，就會造成另一種由升力「誘發」而形成的阻力——**誘導阻力**（induced drag）。

如下圖，原本機翼的攻角是飛行方向與機翼弦線的夾角（即圖中兩條黑線的夾角），然而，離開機翼的氣流還會有下洗作用，這就導致了機翼的實質攻角變成了「等效的」相對風方向與機翼軸線的夾角（即圖中藍色實線與黑色實線的夾角），產生升力的方向也改變了（下圖中藍色向上實線與藍色向上虛線的差異），這升力向量一前一後的方向差，就造成一個水平向後的力的分量（圖中藍色向後的虛線），也就是**誘導阻力**，而這是一種壓力阻力。

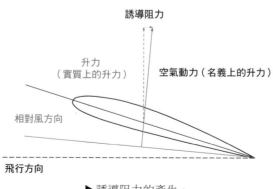

▶誘導阻力的產生。

誘導阻力的大小和機翼的翼面形狀（不同漸縮比、梯形翼、三角翼等不同設計）、展弦比、在特定攻角下的升力係數有關。原則上降低翼尖渦流的大小、減緩氣流額外下洗的情形，都能降低誘導阻力。

　　通常來說，像二戰時期英國噴火式戰機的橢圓形機翼是理想設計，它能讓機翼表面的升力分佈達到最佳化。但要把機翼設計成最佳化的橢圓形並不容易，因為機翼的三維幾何形狀牽涉到很多其他設計考量。要降低誘導阻力，**增加展弦比**是更容易達到的方法：使用更高展弦比的機翼，或在機翼末端加裝翼尖小翼，能減少翼尖渦流的產生，進而降低誘導阻力，這也是民航機大多使用高展弦比機翼的原因。然而戰機為了降低超音速震波阻力，通常使用中低展弦比的機翼。

　　在機翼設計定型之後，飛行中會影響誘導阻力大小的，就剩下升力係數了。飛機的姿態具有多大的升力係數，會以**平方倍**影響誘導阻力係數的值，進而影響誘導阻力大小。

▶產生翼尖渦流的 F-CK-1。Photo：C.H.Tang

### 阻力公式

到這裡，我們就可以整理出次音速時的阻力公式：

$$阻力＝阻力係數 \times 動壓 \times 參考面積$$
$$其中阻力係數＝寄生阻力係數＋誘導阻力係數$$

$$D=C_D \times \left( \frac{1}{2} \times \rho \times V^2 \right) \times S$$
$$C_D=C_{D,0}+C_{D,i}=C_{D,0}+\frac{C_L^2}{\pi eAR}$$

由上面的公式可知，**阻力係數**（drag coefficient）分別由**寄生阻力係數 $C_{D,0}$** 和**誘導阻力係數 $C_{D,i}$** 組成。其中**誘導阻力係數 $C_{D,i}$** 和以下數值有關：**升力係數 $C_L$**、三維機翼的設計所影響的**效率常數 e**（Oswald efficiency number，即實際機翼形狀與理想化的橢圓形機翼之間偏離的程度）及**展弦比 AR**。

前面公式提到的**參考面積**，其概念基本上類似於某種物體正投影的截面積，但對機翼而言是指**機翼的水平投影面積**，所以這要看每種阻力係數的定義，不能一概而論。

### 最佳升阻比

飛機在極低速飛行時，為了獲得足夠的升力，必須以很高的攻角飛行，高攻角飛行會造成較大的誘導阻力，慢速的情況下寄生阻力很小；相反的，飛機在高速巡航時，只須微小攻角就能獲得足夠升力，在這樣的情況下，誘導阻力就小於低速高攻角的情況，但更高的飛行速度也導致更大的寄生阻力。

總阻力等於寄生阻力加上誘導阻力，所以，在上述低速高攻角至高速低攻角的過程中，在產生的升力大小始終不變的情況下（等於重力），在特定飛行速度、特定攻角時（對一般飛機而言通常是 2 ～ 5 度的攻

角），飛機的阻力會達到最小值。這個點，就是飛機**最佳升阻比**（飛機所產生升力和阻力的比值）的點，此時飛機可以用最小的推力來維持飛行。

## （四）震波阻力

最後讓我們進入到**震波阻力**（wave drag）。

飛機在空氣中前進時，一如所有的物體，都會對周遭的空氣產生擾動；而這個受到擾動、以空氣為介質向外傳遞出去的力學波就是聲波。這個「擾動」更精確來説就是空氣受到一定頻率的規律壓縮。

在低速時，這些空氣的壓縮波不過就是飛機前進的噪音（主要噪音都是由飛機內部的引擎發出的），然而當飛機飛行的速度愈來愈快，直到前進速度追上所造成擾動的傳播速度時（即飛行速度追上聲音的速度），空氣就會被急遽壓縮、震波就會產生。

在這很薄一層的震波（shock wave，厚度約數萬分之一毫米）之中，空氣在絕熱（adiabatic，即與外界無熱交換）環境下受到爆炸式的壓縮；經過震波之後的空氣，流速較震波之前慢、壓力和密度和溫度都較震波之前高。於是，**頂著震波前進的飛機就必須承受非常大的阻力**；震波阻力在穿越音速的瞬間達到極高的峰值，穿越音速之後會下降到一個仍比穿越音速前還高很多的值，並隨著飛行的馬赫數而漸增。

所有設計成能夠**超音速**（supersonic）飛行的飛機，它的氣動力外型設計都以降低震波阻力為首要考量。震波阻力比前面提到的次音速阻力都還大上許多。

當飛機在以特定**臨界馬赫數**（critical Mach number）進行**高次音速飛行**時，機翼上表面有些區域的氣流流速較快，會提早超越音速導致震波產生。為了延緩這現象發生、提高臨界馬赫數的數值，讓飛機能夠以更接近音速的速度飛行，工程師採取**超臨界翼剖面構型**（supercritical airfoil，上表面較平坦、下表面的後段向上縮）、**機翼後掠**（swept back）等設計。

　　機翼後掠是把機翼向後折一個角度（該角度稱為「**後掠角**」），雖然比起同長度且無後掠的機翼，展弦比較低，但可以讓筆直迎來的氣流「看」到更長的弦長，相當於使用了更細長的翼剖面，對提高臨界馬赫數有明顯效果。

　　至於飛機進入超音速後，**尖的機鼻、細長機身、薄翼剖面**（thin airfoil）、**平順過渡的機身截面積**（area-ruling）、**後掠翼**等設計，都有助於**降低震波阻力**。後掠的機翼能讓飛機的機翼處在機鼻製造的**馬赫錐**內（即震波之後方），使其面對的氣流是通過震波之後速度降低的次音速氣流，能有較低的阻力。相較來說，若機翼前端在震波之前的超音速區、機翼後端在震波之後的次音速區的情況，則會高出非常多的阻力。

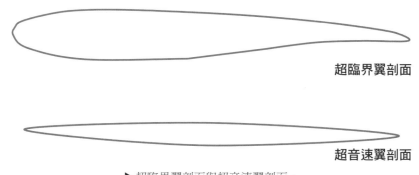

超臨界翼剖面

超音速翼剖面

▶超臨界翼剖面與超音速翼剖面。

## （五）小結

經過以上的統整，我們可以總結出：

次音速阻力＝壓力阻力＋摩擦阻力＝寄生阻力＋誘導阻力

總阻力＝次音速阻力＋超音速阻力＝寄生阻力＋誘導阻力＋震波阻力

# 四

# 實際戰鬥機的氣動力外型

　　現代戰機大多要求能夠進行超音速飛行，並且速度在高次音速區時能夠有靈活的飛行性能，所以**絕大多數的戰機都採尖形機鼻、薄翼剖面、機翼後掠**等設計。

## （一）戰鬥機的主翼設計

　　有的戰機較為**注重高爬升率、高空高速攔截、中高空的飛行性能**，像是幻象 2000（Mirage 2000）、MiG-31（米格 31），廣義來說，F-15、歐洲颱風戰機（Eurofighter Typhoon）也屬於這類。

　　這些飛機的外型以降低高速飛行的阻力為首要考量，它們主要在中高空進行高速飛行，高空較低的空氣密度能讓其獲得更低的阻力、更有利於高速飛行，且由於飛行速度很快，要獲得足夠的升力相對容易，它們比較少用到增加升力的措施。**這類戰機的主翼展弦比通常較小。**

　　而像幻象 2000、歐洲颱風戰機這類採用三角翼的飛機，它們的主翼在擁有較大後掠角的同時，也有較大的翼面積和較長的翼根弦長，在維持低厚度比（thickness ratio）的同時，能獲得較大的內載空間，同時達到阻力小、內載燃油容積大、減輕結構重量（它們相對粗短的機翼、

較長的翼根接合面擁有較佳的結構強度，可以省下不少材料的使用）等優點。然而，三角翼構型的飛機在進行俯仰機動時，會有較大的誘導阻力，可能導致其在空戰進行垂直機動時速度降下來更快。

　　另一類戰機注重**中低空的纏鬥性能**，或是像**艦載戰鬥機**等特殊戰機，需要較佳的低速操控性。典型的例子有 F-16、F-18、F-CK-1（經國號戰機），這些戰機被要求在空氣密度較大的中低空要有很好的纏鬥性能，故較注重升力的增加措施。它們的主翼展弦比普遍都比追求高空高速性能的戰機更大一點，而且像 MiG-29、Su-27 還在機身採用可產生升力的**舉升體設計**，能夠獲得更多的升力以進行爬升、急轉彎等空戰機動。

▶ MiG-29 和 Su-27/30 系列，機身下方的兩個進氣艙及發動機左右隔開一段較寬的距離，使得兩艙之間形成高壓區，進而使機身產生升力。Photo：Jepuo Tsai

## （二）翼前緣延伸翼

　　一個很常見於這種戰機的設計是**翼前緣延伸翼**（LERX，Leading Edge Root Extension），或稱為**邊條翼**（strake），是用後掠角遠大於主翼的小型翼面，從前面的機身開始向後延伸、增大面積，最後和主翼融合成一體，平順過渡機身和主翼。這樣子的設計會使氣流流過時產生渦流（相當於氣流經過展弦比很小的機翼所產生的嚴重翼尖渦流），這個被刻意製造出來的渦流會有向機翼外側流動的**外洗**傾向，使流經機翼上表面的氣流被「壓著」，或者說，機翼上表面氣流的邊界層得到了加強，使得其能在高攻角時繼續沿著上翼面流動，而不會產生剝離、導致失速。這樣的措施能**增加飛機失速的臨界攻角**，使戰機在進行空戰時，能夠運用更大的攻角來飛行、獲得更大的翼面升力以更好進行各種空戰機動。

　　以艦載機來說，陣風戰機（Rafale）所配備的鴨翼（在主翼前的小翼面，詳見第四章）離其主翼較近，也能產生類似的渦流以改善其高攻角升力特性，增強飛機在低速時的操控性，這對於需要盡量降低速度降落在航空母艦飛行甲板的飛機來說至關重要（因為航空母艦甲板可提供的降落煞車距離很短）。

▶ F-16BM 在高攻角飛行時，氣流流過翼前緣延伸翼的現象。Photo：Jepuo Tsai

## （三）橫截面積平滑過渡設計

　　大多數的戰機機身都會為了降低超音速震波阻力，而會在機鼻至機尾的軸線上有**橫截面積平滑過渡**的設計，比如說幻象 2000 在主翼安裝的中間處，為了避免機身截面積快速擴大，而把機身順勢縮小；另外，F-16 上翼前緣延伸翼平滑過渡機身與機翼的設計也有類似的功效。

▶幻象 2000-5 的機身有截面積平順過渡的設計，在中後段開始漸縮。

Photo：Jepuo Tsai

## （四）空速管（皮托管）

不少戰機的鼻錐罩前有一根細長的尖銳物體，那是用來測量空速的**空速管**，也稱為**皮托管**（Pitot tube）。空速管的原理是藉由量測飛機飛行時的動壓（形象化來說就是「頂著風前進」所感受到的那股「風壓」），再將該數據與飛機當下飛行高度的靜止氣壓做比較，就能推算出飛機的空速。

比較新的飛機，為了避免空速管占用飛機雷達正前方的空間，影響雷達性能，會將空速管縮小放置在機鼻側邊，在外觀上就較不明顯了。

▶ F-CK-1 戰機的空速管置於雷達罩前方。Photo：作者

統整來說，氣動力外型是工程師對一架飛機的整體考量，通常考慮其任務屬性，針對某一（或少數情況下某些）高度、速度下的飛行條件做氣動最佳化設計，其他飛行條件則盡可能兼顧，並不太有所謂先進或落後的差別，乃是工程上的取捨而已。

▶ Su-30MKM。Photo：Jepuo Tsai

# CHAPTER 02

# 結構與材料

▶飛機的結構粗分為機身、機翼、尾翼組、起落架。Photo：Jepuo Tsai

　　經由氣動力外型設計，決定了飛機的「形狀」之後，我們就要進一步把它「造出來」，這就要考量到結構的設計、材料的選用。

　　結構設計最重要的目標就是要使機體有足夠的強度。一架飛機必須要有足夠的結構強度，才能在預定的飛行條件下安全操作，而不至於空中解體、機毀人亡，並且還要達到預期的機體使用壽命。

　　以戰鬥機來説，在空中進行直線加速、大角度鑽升、高速俯衝、水平急轉彎等劇烈的機動飛行時，機身、機翼、尾翼等地方都必須承受相對應的氣動力，它們所受到的力往往是自身重量的數倍。而機身內還要搭載許多航電系統、機械系統、燃油，機翼上也通常會掛著飛彈、炸彈。如何讓飛機的結構強度在具備一定酬載（也就是負擔武器、燃油、各式機載系統的重量）的情況下，仍然能做出這些高 G 值（簡單説就是極為劇烈）的飛行動作，並且兼顧機體重量盡量減輕，是一項重大的挑戰。

戰機的主要結構有機身、機翼、水平尾翼、垂直尾翼及起落架。工程師的使命，乃是在強度足夠且有一定安全係數的前提下，藉由最有效率的結構件布置、在各處最佳化的材料選用（有機械性質、加工難易度、價格等考量），造出一架最輕的飛機。

簡單來說，就是要用最少的材料、最低的價格，來達成飛機結構強度的設計要求。

▶ F-18 進行高攻角飛行。Photo：M.H.Liao

# 靜力學與
# 材料力學

在固體力學中，最常見的幾種應力和力矩有：拉應力、壓應力、剪力、扭矩、彎矩。

在此先想像一根細長的棒子，稱為**桿件**。

**應力**（stress，符號 σ）是指單位面積所承受的作用力，即「力」除以「作用面積」；**應變**（strain，符號 ε）是指單位長度的變形量，即「變形量」除以「原長度」。

在材料力學的定義中，**小於 0.2％的應變會被視為物體受到微小變形**，也是本章討論的應變範圍。雖然 0.2 看似很小，但要造成如此形變量的力與力矩絕對不小，其產生、分布與其他分析都非常重要，不能忽略。

## （一）拉應力

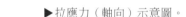

▶拉應力（軸向）示意圖。

**拉應力（tensile stress）是把桿件由軸向兩側向外拉的應力。**

桿件在被拉的過程中，如果它是由延展性較好的金屬材料做成，那它會先經歷可回復的微小變形階段（像彈簧一樣），這個階段的變形通常是線性的，其應力等於應變乘上楊氏模數 E（Young's modulus，和材料本身的性質有關的常數），遵守**虎克定律**。此階段的變形稱為**彈性變形**（elastic deformation），可用「**應力─應變公式**」表示：

$$應力 = 楊氏模數 \times 應變$$
$$\sigma = E\varepsilon$$

如果這個拉應力持續增加，那桿件就會超出彈性限度，此後就算拉力消失，桿件也會有無法回復的永久變形，這稱為**塑性變形**（plastic deformation），而開始進入塑性變形階段的應力強度稱為**降伏強度**（yield strength）。

如果拉應力再一直增加下去，這個桿件會經歷**應變硬化**（strain hardening）階段，再到達**極限強度**（ultimate strength），達到整個過程中所能承受的最大拉應力強度，之後會出現**頸縮**（necking）現象，直到最後斷裂。

當然，並不是每個材料都會走完以上歷程，以上過程是延展性較佳的**韌性**（ductile）材料所經歷，對於玻璃、陶瓷等**脆性**（brittle）材料而言，它們在毀壞之前不會經歷太多的變形。

## （二）壓應力

▶壓應力（軸向）示意圖。

**壓應力（compressive stress）是在桿件軸向上由兩側向內擠壓的應力。**

對於延展性較好的材料而言，在承受壓應力的初期、彈性變形的階段，應力與應變的圖形變化和承受拉應力時是很接近的，然而在抵達降伏強度之後，壓應力相對於應變的關係就和受拉桿件有很大的不同。

承受壓應力的細長桿件，稱為**柱（column）**。當柱受到壓應力時，起初會非常堅挺，很大的應力都只能造成微小的變形；而且在這個階段，微微彎曲的柱還會有一個強大的力矩，有把自己「挺直回來」的傾向。

然而，當作用在柱的截面上的力達到**臨界負載**（critical load）之後，柱的彎曲情況會達到不可接受的嚴重程度，整個結構從穩定狀態開始進入不穩定狀態，當壓力大小超過臨界負載後，柱就會**挫曲**（buckling）、毀壞失效。對於細長的桿件尤其是如此。

但對於使用韌性材料的粗短桿件來說，它受壓後或許不會彎曲，只會變矮變粗，然後持續不斷變形。在這個過程中被壓扁的桿件截面積會變大。對於相同的負載（力）來說，愈大的作用截面積意味著愈小的應力，所以在這種條件下，受壓桿件承受壓應力的能力反而會隨著作用力截面積的擴大而變強，直到最後才會被壓碎毀壞。

## （三）剪應力

▶剪應力示意圖。

**剪應力（shear stress）是施力方向與接觸面平行的一種應力。**

剪應力的分析在飛機結構上極為常見且非常重要，剪應力會出現在很多構造中，比如剪力板（如蒙皮之類的面板）、軸、樑、鉚釘（承受與其方向垂直的剪力）、各種截面形狀的薄壁結構、半硬殼式結構等。

## （四）扭矩＆軸

▶扭矩示意圖。

**扭矩（torsion）是「扭轉」一個物體**，像擰毛巾一樣去「擰」它。

承受扭矩的桿件稱為**軸**（shaft）。扭矩是一種力矩，當軸承受扭矩時，其內部各處角變形會由內而外漸增，且內部順著圓弧的方向都有受剪力。

在使用同樣材料的情況下，把軸做成空心的，並利用省下來的材料把整個軸的圓周直徑做更大，使其成為一個**直徑更大的薄壁結構，便能承受更大的扭力。**

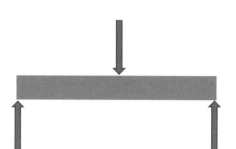

▶側向力示意圖

最後，當桿件受力的方向與軸線方向垂直時，這桿件便是受到了**側向力**，並把它稱為**樑**（beam）。

受到側向力的樑，有被「**折彎**」的傾向。

在樑的內部，側向力在鉛直方向上會造成剪力，可以從樑的一端至另一端，參照其所受的**側向力分布**（包含支撐點所賦予的側向力），劃出樑的**剪力圖**。

而鉛直方向的力相對於水平的樑的不同位置處，都會造成**力矩**，我們也可以利用這樣的概念畫出樑的**彎矩圖**。這裡所說的彎矩（bending moment），就是鉛直的側向力在水平的樑上所形成的**總力矩**，其在樑的不同位置通常會有不同大小。當然，彎矩也可以**單純是施加在樑兩端的力矩**（pure bending）。

▶彎矩示意圖

除此之外，當樑受到純粹的彎矩並被微小彎曲的時候（想像一個被彎成弧狀的樑），其內部**上半部受到壓應力、下半部受到拉應力**，而樑的上下表面分別就是壓應力和拉應力最強的地方；另外，在被折彎的樑內部，**水平方向不同層之間會出現剪應力**。在設計時，我們可以決定樑截面的形狀，以增加它的質量慣性矩，進而提高其所能夠承受各種應力的極限。

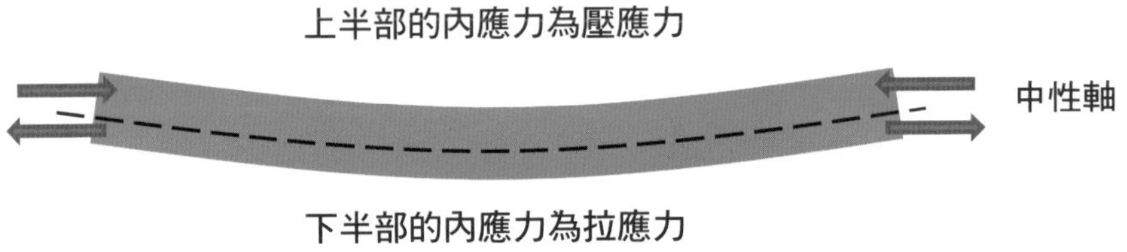

**上半部的內應力為壓應力**

中性軸

**下半部的內應力為拉應力**

▶彎矩對樑造成的壓應力與拉應力。

▶樑內部各層之間會有剪應力

側向力與剪力圖、彎矩圖的例子：

1. 左邊以三個藍色箭頭來簡單代表等大小的分布力。黑色的三角形和黑色的圓形都是支點，只是三角形代表這個支點是在上下方向和左右方向都是固定的，圓形支點代表上下方向是固定的，但左右方向卻有可能滑動。

2. V 代表剪應力，也就是橘色的樑內部所承受的剪應力。

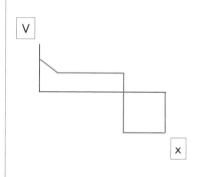

3. M 代表彎矩，也就是樑的各處相對於其最左端所承受的內部力矩大小。

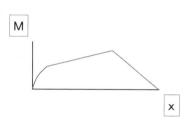

## （六）靜定結構＆靜不定結構

　　比較簡單的結構，其各自承受的力都可以用靜力平衡方程式解出來，稱為**靜定結構**（statically determinate structure）；然而，當我們開始考慮材料的變形後，有些情況下，單純靠靜力平衡方程式會解不出結構的受力關係，這時候我們除了利用靜力平衡方程式，還要利用形變之間彼此的關係、力與相對應位移的關係來解出結構的受力，這樣的結構稱為**靜不定結構**（statically indeterminate structure）。

　　靜不定結構的特點是**損壞尚安全**（fail-safe），即整體結構中可能某個部件崩壞了，仍會有其他的部件來分擔它原本的受力，使得整體結構不會因為某個單一部件的失效而崩解。

▶靜不定結構例子（雙三角形平面桁架）。

## （七）飛機各部位常見結構

常出現在機身的幾種結構件有：

· **外框**：frame，又稱為勒。

· **蒙皮**：skin。

· **桁條**：stringer，又稱為縱樑、縱向加強條。類似的結構也在船隻出現，造船時，底部最粗的那根桁條（縱樑）就稱為龍骨。

常見在機翼的結構件有：

· **肋**：rib，相當於用在機翼上的隔框。

· **蒙皮**：skin。

· **翼樑**：spar，機翼的最主要、最粗的桁條。

· **其他桁條**

接下來的內容，我們會把飛機結構分為三大部分來探討：

· **機身**（fuselage）：近似於箱型樑的結構。

· **機翼**（wing）與**尾翼組**（empennage）：近似於薄壁樑的結構。

· **起落架**（landing gear）：近似於柱的結構。

# 機身的結構

　　機身可分為 **硬殼式**（monocoque）結構和 **半硬殼式**（semi-monocoque）結構。

　　硬殼式結構機身的蒙皮很厚，它也是主承力構件；在硬殼式結構中，蒙皮要擔負較大的剪力，與隔框和桁條一樣並列重要的角色。

　　半硬殼式結構機身的蒙皮相對較薄，大多目的只是為了做出氣動力外型。此類設計中，隔框和桁樑才是主要承受力的結構件，蒙皮只當作類似剪力板來用，由這些板子承受剪力。現在的飛機都是採用半硬殼式結構。

▶ F-104 戰機的機身結構，連續密集分布、隨機身縱剖面漸大漸小者為肋，在橫向上貫穿連結全機者為桁條。 Photo：作者

## （一）結構概觀

　　不同於機翼或起落架，機身的形狀有非常多種：大型客機的機身都是圓形截面的圓柱體，戰鬥機機身則有 F-15 箱型、Su-27 舉升體形狀、幻象 2000 和歐洲颱風戰機單純類圓柱體等種類，而 F-16、F-18 就是截面形狀從機首到機尾逐漸轉換的設計。

　　由於飛機的外型設計（例如機身、機翼的外型）都是以空氣動力學為首要考量，從結構力學的角度來看，它們的幾何形狀都比較「怪異」，不會是簡單的正方形、長方形或圓形截面。

　　大致上來說，現在的戰鬥機，前機身都以圓柱形機鼻為主（例如 F-18、Su-27 的前機身），到了中間的位置，開始與進氣道接在一起（進氣道有如 F-15、幻象 2000 等的兩側進氣，也有如 F-16、歐洲颱風戰機等的下腹式進氣），在飛機後段的地方與發動機艙、噴嘴進行過渡。過渡方式要考量到戰鬥機是單發（一具發動機）或雙發（兩具發動機）。

▶戰機的機身從側面看也是類似於樑的構造。Photo：M.H.Liao

大致而言，它們都屬於**樑**的構造：機鼻到機尾這整塊構件從側面看呈細長形，截面形狀會在進氣口或主翼附近開始變化。當飛機快速飛行時，機身固然會感受到推力和阻力帶來的壓應力作用，然而這不是最大的挑戰——對於機身來說，其結構設計主要的應對目標，是它所感受的升力與重力、高攻角飛行時施加在機身上的阻力等側向力，和機翼機身連接處的剪力、降落時來自起落架的衝擊力、穿音速時產生的強烈震動等。

　　飛機在天空中飛行時，它所感受的的升力與阻力等氣動力實際上是**分布力**。雖然說為了討論上的方便，我們時常把分布力的情形簡化成作用在某個當量點的合力，但我們仍然不應忘記這些分布力最原始的形式。

## （二）結構考量

　　戰機的機身要承載機內電子系統、各種機械系統、液壓系統、燃油和發動機的重量，並在負擔這些重量的情況下做劇烈的空戰動作，比如鑽升、俯衝、急轉彎。戰機在做這些動作時，整架飛機各處承受的力往往達到自身重量的好幾倍，以機身這種類似於箱型樑（即剖面為矩形的樑）的構造來說，分布於各處、大小不一的空氣動力所造成的側向力大小、彎矩，以及機身內部相對出現的拉應力、壓應力、剪應力等，都需要經過仔細計算。

　　想像機身被折彎的情況：機鼻和機尾被往下「掰」、機身中段被往上彎，整個機身從側向上看過去呈現倒 U 形的弧形（當然，這是極度誇大的說法，前面有提到我們討論的都是 0.2 以下應變量的小變形狀態；不過，能讓機身產生微小變形的力也都很大了）。

在機體受到微小變形時，氣動力外型也會產生變化，如果氣動力外型的變化傾向於讓流場對機體施加更大的力，那這可能進一步使機體的變形更嚴重，造成愈來愈嚴重的負面循環。因此，機身的材料必須在之前的階段就抑制住這種發散的傾向。

機翼和機身**接合處**的設計也是重點。機翼托著機身，使升力得以把機身抬起來，在它們的交界處，向上的主翼升力和向下的機體重力在交界就會形成剪力，機身就有把負載（機身重量）轉移（load transfer）成剪力的任務。

## （三）隔框＆桁樑

機身蒙皮之下的骨架，由許多**隔框與桁樑**構成。

隔框的外形對應的就是機身橫截面的形狀。機身截面會從機鼻到機尾不斷變化，同一種形狀的截面還會沿著機身前後的軸向漸大或漸小。如何讓機身有足夠的結構強度，就牽涉到隔框的面積、厚度、數量、排列，桁條的粗細、數量、安裝位置，以及蒙皮的曲面形狀、厚度等。

用愈多的材料、結構件所做出來的機體當然也愈堅固，但這也會使機體的重量及成本上升，尤其是額外的重量上升會對飛機的飛行性能造成負面影響。因此以高效率的結構布置，做出堅固且輕巧的機體，就成為結構設計師努力的方向。

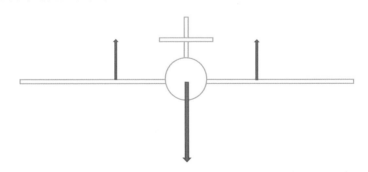

▶機身與機翼受力圖，在這情況下，連接處會承受剪力。

▶ F-CK-1 戰機的機身結構（上）和隔框（下）。Photo：Jepuo Tsai

# 三 機翼與尾翼

▶機翼承受升力和各種武器掛載所造成的側向力,算是樑的構造。Photo:Jepuo Tsai

機翼是典型的樑構造。

大型飛機的機翼除了蒙皮,還有肋(隔框)、翼樑、桁條等構造;相對來說,戰鬥機由於本身較小、機翼也較為細薄,因此肋、桁條都做得比較小,整體看上去會是類似像蜂巢或蛋盒的構造。

機翼承受飛機絕大多數的升力,尤其是飛機在進行高機動飛行時。以急轉彎為例,機翼除了提供飛機升力,還必須提供轉彎所需的向心力。

讓我們從幾個面向來了解機翼的具體外型。

首先是**截面形狀**——也就是翼剖面。通常來說，機翼在設計時，翼根和翼尖會使用不同種類的翼剖面，機翼剖面的形狀和安裝攻角會從翼根逐漸過渡到翼尖，這樣的形狀從氣動設計的角度來看固然非常理想，但從結構設計的角度來看未必具有最佳的抗彎矩、扭矩、剪應力效果。

第二是**漸縮比**（taper ratio）。機翼的翼根弦長較長，翼尖的弦長較短，整片機翼從翼根到翼尖漸縮時，橫向軸線的漸縮程度、隔框厚度的變化，對隔框上剪力流的分佈有很大影響。

第三個是**展弦比**。展弦比大的機翼較為細長，展弦比小的機翼較為粗短。以樑這樣的結構件來說，愈粗短的樑，抗彎矩的效果就愈好，愈細長的樑就愈容易被折彎，抗彎矩的效果就愈差。

▶ F-104 戰機機翼的內部結構。Photo：作者

## （二）結構受力

　　從飛機的正前方看，機翼的上表面氣壓較低、下表面氣壓較高，它受到的是向上的**側向力**，而機翼與機身連接處可視為一個**固定端**（fixed support，固定支承），因此整體來看，受到升力的機翼，會被向上彎折。通常展弦比愈高（也就是愈細長）的機翼，被向上彎折的現象就會愈明顯。

　　如幻象 2000 的三角翼（delta wing）展弦比很小，翼根和機身接合處特別長，翼尖也縮得非常小，從結構的角度來看，它就是一種耐彎矩、強度高的設計，於是在這有利的先天條件下，工程師就可以利用比較少的材料、比較輕的結構重量，去達成設計的強度指標。

▶大過載機動中的 F-16，其機翼被向上彎折，機翼的下表面承受拉應力、上表面承受壓應力。Photo：Jepuo Tsai

▶相對較「粗短」的機翼具有較佳的抗彎矩能力。Photo：M.H.Liao

▶無尾三角翼戰機翼根弦長較長，能在保持低厚度比的情況下有更多厚度。

Photo：M.H.Liao

戰機常常在機翼下掛載飛彈或炸彈，這相當於是給機翼這個樑的構造加上更多側向力。我們同樣可以根據升力合力作用的位置與大小、飛彈的重量與它們掛的位置、機翼與機身接合處的剪力，畫出機翼受力的剪力圖和彎矩圖。

　　除了彎矩，由於機翼的翼剖面會從翼根到翼尖過渡，機翼有漸縮比，其前緣跟後緣都有各自的後掠角，再加上升力本來就是分布力，機翼表面也有剪力分布（參見 P.41「翼剖面壓力分布概略示意圖」），因此機翼有可能會受到**側向力**的作用，它抗扭矩的效果和翼剖面形狀也有很大的關係。另外，機翼內部的翼肋結構，其效果是讓飛機飛行於強勁的氣流中時，能承受空氣動力（升力與阻力）所帶來的各種力與力矩，維持住翼剖面的形狀。

　　水平尾翼、垂直尾翼的構造類似於機翼，在此就不再重複說明。

四

# 起落架

▶ F-CK-1 戰機的前起落架與主起落架。Photo：作者

　　起落架的用途，是飛機在地面上滑行時要支撐飛機的重量，並在飛機落地的那一瞬間吸收來自地面的衝擊力。它的結構類似於柱，要承受壓應力。

一般我們所說的**主起落架**是指飛機中後部的左右兩枚**主輪**（main gear）及其支架，而前機身下方的**前起落架**、**鼻輪**（nose gear），主要是控制飛機在地面的轉彎之用，在落地時不會在第一時間承受主要的衝擊力，故不需要像主輪支架那麼粗壯堅固。

　　以柱的結構來說，在使用相同材料的情況下，粗短一點的柱承受壓力的效果較好、細長的則較差。

　　起落架本身有液壓的緩衝機構，再配合輪胎，便可以分擔每次落地時主體結構所受的衝擊。然而大多數情況下，接觸地面瞬間的衝擊力道還是很大。尤其當戰機降落時，機內若還有大量未用完的內燃油、機翼或機身下還掛載著未進行投射的武器彈藥，那更大的落地重量勢必會給起落架帶來更大的負擔；另一種情況是航空母艦的艦載機要降落時，由於航空母艦的甲板只能提供很短的降落距離，艦載機會以非常大的沉降率將飛機「砸」在航空母艦的甲板上，以利後續捕捉勾去勾住鋼纜減速。

　　起落架的輪胎、煞車皮是耗損零件，在一定的降落次數之後就要更換，以確保飛機每次降落都能夠安全。

　　與飛機其他構造不同之處在於，起落架是一個飛機飛上天之後就不會再用到的部件，也就是說，它是對飛行本身沒有任何貢獻的「**呆重**」，所以大部分的飛機都在安全許可的條件之下，盡可能**減輕起落架重量**，以避免它在空戰時成為毫無意義的重量負擔。所以起落架一方面要承受降落時的強烈衝擊、另一方面又要盡可能做得愈輕愈好，可說是個在設計上頗需要準確拿捏的結構。

　　不過對某些戰機而言（例如俄羅斯的戰機），它們在設計時會考量必須能在粗糙簡陋的前線野戰機場跑道起降的條件，所以它們的起落架反倒會相對比較粗壯。需要經常在航空母艦降落的艦載機更是如此。

▶ F-16 戰機的主起落架。Photo：作者

▶起落架必須多次承受飛機在落地瞬間強大的衝擊力。Photo：M.H.Liao

　　在瞭解完機體的結構設計之後，我們進入探討飛機結構的最後一個段落：安全係數（factor of safety）與壽命（life）。

# 安全係數與循環次數

▶飛機「不夠堅固」會有安全性和使用壽命的問題,但「太堅固」又會造成飛機增加許多不必要的重量、影響飛行性能,故結構設計的安全系數是需要準確拿捏的。
Photo：Jeupo Tsai

  **安全係數是結構實際強度和需求強度的比值。**比如說,一個螺栓在正常操作情況下最大只會受到 45MPa 的剪應力,當我們把這個螺栓設計得更堅固,使得它承受剪應力的極限強度達 90MPa(亦即當負載超過 90MPa 時螺栓才會毀壞)時,該螺栓的安全係數就是 2。

很明顯，安全係數愈大，就代表結構愈堅固安全。然而這也同時代表結構使用的材料愈多，整體愈重，總成本愈高。對於飛機來說，它需要減輕不必要的結構重量，以避免過重的結構影響飛行性能，而對需要發揮極限性能的戰鬥機而言更是如此。無論是民航機或戰鬥機，飛機的安全係數通常落在 1.5 ～ 2.5 之間，算是在對飛行性能的追求和對安全性的基礎要求之中找到了平衡點。

（二）循環次數：機體壽命的計算

至於壽命的話，我們常說機體的壽命有 7000 小時（累計在天空中飛行的時數）或 30 年，起落架的壽命是 2000 次起降等，這些數據是怎麼算出來的？

這就要講到我們量測一個結構件壽命的方式：**循環次數**。

假設現在我們要測量出一張椅子的使用壽命，若以「一個 70 公斤的人，坐下去椅子的那一瞬間（以 1m/s 的速率坐下，接觸時間為 0.5 秒）椅子會感受到 140 公斤重的力，並在坐幾秒後站起來」這樣的過程為一個循環來看，我們就會用一個機器，不眠不休的以 140 公斤重的力不斷去敲打那張椅子，可能在經過幾萬次的敲打之後，椅子的某個地方斷掉或裂開了，我們就可以得知這個椅子大概能被坐幾萬人次。如果這張椅子是在高鐵上的某個椅子，它一天平均會被坐幾十人次之類的，那我們就可以估算出它大概能用幾年（當然，這只是方便理解的比喻，人的體重比椅子能承載的重量輕得多，所以椅子通常很難坐到壞掉；如果把坐椅子改成飛機落地瞬間帶給起落架的衝擊，那情況會更接近現實遇到的工程問題）。

當然，定期檢查結構件的疲勞、微小缺陷、微小損傷的情況，並加以記錄、維修，更是必不可少的作業程序。

　　對於戰機來說，進行一次比如兩小時的訓練飛行，或一小時的邊境巡邏任務，就是一次循環；對起落架來說，每一次起降，就是一次循環。我們就是利用計算循環的方式，來預估一架飛機的結構使用壽命。

## （三）要加強最脆弱的地方

　　「**結構會從最脆弱的地方開始毀壞。**」

　　這個概念有點類似所謂的「短板效應」，就像一枚水桶能盛多少水取決於組成它的木板中最短的那片，在一個複雜的結構當中，只要有一個最弱的部位壞了，那剩下的部件再強、再堅固都沒有用。

　　舉例來說，假設一架飛機的起落架做得非常堅固，機身、機翼的強度也很足夠，然而垂直尾翼的末端在某次飛行後出現了一小道裂紋，這架飛機還能飛嗎？從安全的角度來說，當然不能。於是，即便一架飛機的機身、機翼、起落架都足夠堅固，甚至還都特別過度加強，在垂直尾翼的地方卻弱掉了，有用嗎？沒有用。從這角度來看，一架飛機已經夠堅固的地方不必再加強，反倒是**相對脆弱的地方要著重加強**，比較能提高整體材料的使用效率。

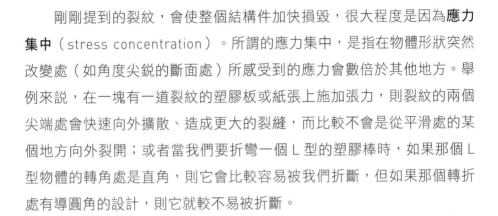

## （四）應力集中

　　剛剛提到的裂紋，會使整個結構件加快損毀，很大程度是因為**應力集中**（stress concentration）。所謂的應力集中，是指在物體形狀突然改變處（如角度尖銳的斷面處）所感受到的應力會數倍於其他地方。舉例來說，在一塊有一道裂紋的塑膠板或紙張上施加張力，則裂紋的兩個尖端處會快速向外擴散、造成更大的裂縫，而比較不會是從平滑處的某個地方向外裂開；或者當我們要折彎一個 L 型的塑膠棒時，如果那個 L 型物體的轉角處是直角，則它會比較容易被我們折斷，但如果那個轉折處有導圓角的設計，則它就較不易被折斷。

## 六

# 材料的選用與
# 考量

▶ JAS-39C 就是一款大量使用複合材料的四代半戰機。Photo：Desmond Chua

▶歐洲颱風戰機所使用的材料有 70%的體積是碳纖維複合材料、15%的金屬、12%的玻璃纖維強化塑膠，以及 3%的其他材料。Photo： Jim Russell

　　最後，讓我們認識一點材料：飛機上常見的材料有**鋁合金**（aluminum alloy）、**鈦合金**（titanium alloy）、**鋼**（steel）、**碳纖維**（carbon fiber）、**玻璃纖維**（glass fiber）或其他**複合材料**（composite material）等。

　　對材料主要的要求不外乎**機械強度要夠、重量要輕、能抗鏽抗腐蝕、成本盡量低，且易於加工**。常見的加工方法包括：車削、銑削（銑音同「顯」）、刨削、磨削、電鍍、線切割、鑄造、鍛造、粉末加工等。

　　金屬材料和大部分複合材料的最大差別在於金屬是**等向性材料**（Isotropic material），複合材料大部分是**非等向性材料**（anisotropic material）。複合材料受其纖維排列影響，在**不同受力方向上的強度有所不同**，不過這個問題可以透過編織得到一定程度的緩解。

　　材料的**機械性質也會受溫度影響**。某些材料在溫度升高之後，強度就會急遽下降。

複合材料及塑膠材料萬一出現裂紋，會不如金屬材料那麼好處理；碳纖維材料受到損傷後的結果時常比較像是「內傷」，未必容易從外觀上由肉眼看見，因此飛機在某些受力複雜處仍然偏好使用金屬材料。

　　以往的戰機以鋁合金為主，常見的鋁合金有耐疲勞的**鋁／銅／鎂合金**（杜拉鋁，Duralumin，編號 2000 系列），以及用在受壓應力處為主的**鋁／鋅／鎂合金**（編號 7000 系列）；較新的戰機使用愈來愈多的碳纖維材料，像歐洲颱風戰機的碳纖維使用量達到了整體結構重量的 35（注意：不是體積）。

CHAPTER 03

# 航空發動機

▶ F-CK-1 戰機所使用的 TFE-1042 渦扇發動機。Photo：Jepuo Tsai

　　決定完氣動力外型，以及實際機體製造後， 飛機本體是造出來了，但沒有動力裝置的飛機無異於一架擺放在地面的全尺寸模型。現在，讓我們進一步安裝上**發動機**，使這架飛機能夠真正的「動起來」。

　　飛行器的推進系統有許多種類，**小型四旋翼無人機**通常用**電池驅動螺旋槳**（第十章有相關探討）；較輕的**小飛機**至今還是使用**往復式活塞螺旋槳引擎**（reciprocating engine），**飛彈**則常使用**火箭引擎**（rocket engine，第七章有相關探討）。剩下絕大多數的戰鬥機、大型飛機都是以**渦輪扇引擎**（turbofan engine）為主要動力裝置。

　　在以下的用詞中，「**引擎**」（engine）和「**發動機**」（powerplant）意義相同，只是後者用詞較為正式。

# 引擎的種類

自從人類進入噴射時代以來，噴射引擎就佔據了主導地位。

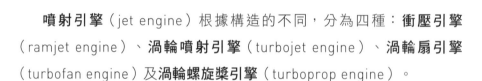

## （一）噴射引擎的種類

**噴射引擎**（jet engine）根據構造的不同，分為四種：**衝壓引擎**（ramjet engine）、**渦輪噴射引擎**（turbojet engine）、**渦輪扇引擎**（turbofan engine）及**渦輪螺旋槳引擎**（turboprop engine）。

其中，**衝壓引擎構造最簡單，通常應用在極高速飛行的物體**（如三倍音速飛行的飛彈、五倍音速飛行的高超音速飛行器）。

**後三者統稱為渦輪引擎，**它們的核心機都是渦輪噴射引擎（turbojet）的構造，只不過渦輪扇引擎在壓縮機前方加了一個風扇（fan），用來帶動更多的氣流，渦輪螺旋槳引擎則是在最後渦輪的地方汲取更多能量，以輸出軸功、帶動前方螺旋槳（propeller）為主，而不以噴射氣流直接提供推力。

簡單來說，渦輪噴射引擎就是原始版，渦輪扇引擎就等於渦輪噴射引擎加上風扇，渦輪螺旋槳引擎就等於渦輪噴射引擎加上螺旋槳。

需特別注意的是，「往復式螺旋槳引擎」和「渦輪螺旋槳引擎」是完全不同的。

**往復式螺旋槳引擎**是藉由**往復式活塞發動機**去輸出軸功，帶動螺旋槳的槳葉，我們在日常生活中常見到的汽機車的引擎正屬於這類引擎，只是飛機引擎是轉動螺旋槳而不是車輪；**渦輪螺旋槳引擎**是**把渦輪發動機產生的噴射氣流拿去吹動渦輪**，帶動轉軸，把軸功傳送到螺旋槳使其轉動。這種引擎常見於直升機，或 C-130、A400M、ATR-72 這類速度要求不快的運輸機上。

螺旋槳的剖面同樣是翼剖面。機翼藉由迎來的氣流製造上下翼面的壓力差，而螺旋槳則相當於把機翼轉成垂直，藉由不斷旋轉擾動周遭的空氣，讓螺旋槳的槳葉如同機翼，始終保有一股相對氣流。在這樣的操作之下，相對於機翼產生上下壓力差，在其翼面上產生升力，轉動的槳葉平面就會製造出前後壓力差，在槳面上產生推力。推力的大小當然也就跟螺旋槳的攻角（通常可調整）、轉速、槳面積、展弦比有關。

如前所述，目前絕大多數的戰機都是以渦扇發動機（渦輪扇引擎）為主。但是為了能夠更扎實理解其原理，以下會先對渦噴發動機（渦輪噴射引擎）做說明，再進一步延伸到渦扇發動機。

▶螺旋槳的剖面也是翼剖面的構造。Photo：Jepuo Tsai

# 二

## 噴射發動機的
## 構造

▶ Su-27 家族和殲 10A 戰機所使用的 AL-31F（АЛ-31Ф）系列渦扇發動機。

Photo：作者

航空發動機不只提供推力，更是整架飛機的**能量來源**。

發動機在提供推力、維持飛機飛行的同時，還會以其中的**發電裝置**為整架飛機的電子系統提供電力，利用機械結構為**液壓系統**提供液壓力，並同時抽出一部分壓縮機裡的空氣，給機上的某些子系統**提供高壓、相對低溫的氣流**。

在這之中，電力的產生愈來愈重要。較新的戰機（如 E/A-18G、F-35等）會配備更多的電子戰系統、資訊處理系統等，在航電設備愈來愈多、角色愈來愈吃重、雷達的功率也愈來愈大的趨勢下，為戰鬥機提供足夠的電力也變成航空發動機的重要任務。

## （一）發動機產生推力

發動機的能量來源為燃油的化學能。因此，我們也可以將發動機視為將燃油中的化學能燃燒成熱能，以提取並轉換成力學能的裝置。

而**推力**（thrust）主要就是「**單位時間內空氣動量的改變**」再加上「**發動機前後的『壓力差』乘『噴嘴面積』**」。因此，發動機吸入愈多質量的空氣，並把它們以愈快的速度向後噴出，就能產生愈大的推力。

$$推力 = \frac{質量_{流經引擎的那團空氣} \times (速度_{被引擎噴出時} - 速度_{被引擎吸入時})}{那團空氣從被吸入到被噴出所經過的時間}$$

$$+ \frac{質量_{燃油} \times (速度_{被引擎噴出時})}{燃油從被噴灑到變成氣體後被噴出所經過的時間}$$

$$+ (噴嘴的氣壓 - 進氣口的氣壓) \times 噴嘴面積$$

$$T = \dot{m}_{outlet} V_{outlet} - \dot{m}_{inlet} V_{inlet} + (P_{outlet} - P_{inlet}) A_{outlet}$$

其中 $\dot{m} = \dfrac{dm}{dt} = $ 質量流率，字母上的點是對時間微分的符號。

▶ F-16 從噴嘴噴出強勁氣流。單位時間內氣體動量的改變正是推力主要來源。

Photo：Jepuo Tsai

現在就讓我們來了解一下渦輪噴射發動機的構造及它們運作的方式。

## （二）進氣道

氣流進入**進氣道**（inlet）後會先被壓縮（尤其是超音速飛行時），氣流在精確設計的進氣道內會形成幾道斜震波，速度減低至次音速（同時氣壓上升），接著才進入發動機。

進氣道有許多種設計，例如 F-15 的兩側進氣，或 F-16 的下腹式進氣；此外，進氣道為了避免流速較慢的機身邊界層氣流被吸入發動機而影響到發動機的運行，會刻意與機身隔開。較新的戰機有 DSI 進氣道（用一個隆起的鼓包取代傳統的隔離構造），重量更輕、利於匿蹤，但不適用於 2 馬赫以上的高速飛行。

▶ F-15 採用兩側進氣，其上方蓋板可調整向下偏折的角度以調控進氣口大小。

Photo：Desmond Chua

▶幻象 2000 採用兩側進氣，進氣口內有錐狀構造。Photo：M.H.Liao

▶ F-16 採用下腹式進氣。Photo：M.H.Liao

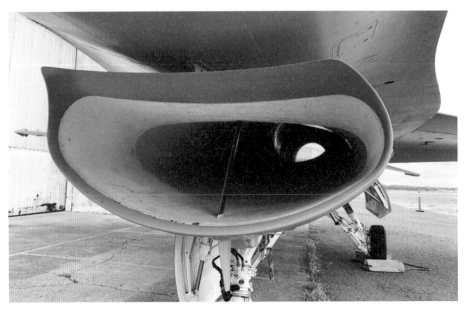

▶ F-16 進氣道特寫（此退役展示機的引擎已移除，故可以直接從進氣口看到噴嘴（尾噴口））。Photo：作者

▶採用下腹式進氣的殲 10B，已經用上 DSI 進氣道。Photo：Jepuo Tsai

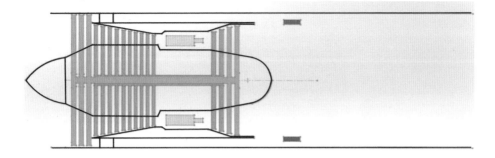

▶低旁通比的渦扇發動機構造：低旁通比的渦扇發動機通常會將渦扇和低壓壓縮機合成
　　一體，改成在高壓壓縮機前才分離出旁通氣流。
構造由前而後依序為：低壓壓縮機（藍色）、高壓壓縮機（橘色）、中軸（藍色和橘色）、
　　燃燒室（黃色）、高壓渦輪（橘色）、低壓渦輪（藍色）、後燃器（紅色）、噴嘴。

▶ AL-31F 航空發動機風扇。photo：作者

▶ AL-31F航空發動機低壓壓縮機（紅色部件的「上方」，往右往上逐漸縮小的那部分）。
photo：作者

## （三）壓縮機 & 壓縮比

空氣進入到發動機後會被吸入**軸流式壓縮機**（axial compressor）。壓縮機有非常多**壓縮階段**（stage），可以大致分為前半段轉速較慢的**低壓壓縮機**（low pressure compressor）和後半段轉速較快的**高壓壓縮機**（high pressure compressor）。

壓縮機內有靜止不動的**定子**（stator）和會轉動的**轉子**（rotor）交錯排列。第一排定子稱為**可變進氣口導片**（VIGV，Variable Inlet Guide Vane），它的攻角是可調的。整台壓縮機就是由一排定子、一排轉子、一排定子……，這樣不斷排列下去構成，**一排定子與一排轉子稱為一級**，現在戰機發動機的壓縮機都有 **8 級**以上。前半段轉速較慢、後半段轉速較快。

定子和轉子的剖面是翼剖面的形狀。在機翼產生升力的應用中，翼剖面對從正前方迎來的氣流，能夠製造上下表面的壓力差；而轉子、定子也是這個道理：氣流在經過可變進氣口導片（VIGV）後，不斷轉動的轉子會將迎來的氣流加速（但同時也改變了氣流的流向），緊接著，氣流流向靜止不動的定子，在流經定子的過程中被減速加壓（流向也被導正），就這樣，在定子和轉子的交互作用下，空氣的壓力急遽上升，流速則些微下降。定子的攻角可以隨氣流速度而進行最佳化調整。

　　在整個加壓的過程中，隨著氣流在各個階段壓力和流速的變化，壓縮機葉片的翼剖面形狀也會改變，由前段較大程度的彎曲到後段較小程度的彎曲。

　　在壓縮機的最後階段，空氣被壓縮完的氣壓與剛開始進氣時的氣壓之比值稱為**壓縮比**（overall pressure ratio）。戰機引擎的壓縮比通常可達到 25 或以上，民航機引擎壓縮比更高，可達 40 或以上。

▶ AL-31F 航空發動機，整個渦扇引擎從壓縮機到後燃器。photo：作者

## （四）燃燒室

完成加壓之後的空氣會進入燃燒室。

**燃燒室**（combustion chamber）有環形排列的數枚圓筒狀燃燒室組成者，也有整體連通的環狀（annular）燃燒室，或二者的組合。在燃燒室，燃油噴嘴會先將**航空燃油**（aviation fuel）噴灑成霧狀，與高壓空氣均勻混合，然後被**點燃、引爆，接著膨脹、往後暴衝**。噴射引擎用的航空燃油以煤油（kerosene）為主要成分。

由於引爆的瞬間以及引爆後的氣流都溫度都極高，所以前面壓縮機裡的空氣會有一部份被導入燃燒室，在燃燒室的管壁邊緣形成冷空氣的隔熱氣墊，保護金屬不直接接觸高溫。

最後，從燃燒室衝出的氣體會衝向**渦輪**（turbine）。

▶ AL-31F 航空發動機，發動機熱段的特寫。可以清楚的看到中軸，紅色腔狀構造為燃燒室（圖的中間偏左的部分），和位於其後的渦輪（圖中間偏右的部分）。photo：作者

渦輪前也有類似定子的構造，在此稱為**噴嘴導流葉片**（NGV, Nozzle Guide Vane），它在將氣流導向渦輪的同時，也將氣壓轉換成氣體的動能。

渦輪也是翼剖面的形狀。一般戰機的渦輪有兩類，前面是**高壓渦輪**，後面是**低壓渦輪**，它們分別從氣流中汲取能量。高壓渦輪和低壓渦輪的轉速不同，也各自帶動內外兩個呈同心圓放置的中軸（shaft），使其分別驅動前面的高壓壓縮機、低壓壓縮機（和齒輪箱，gear box），並將二者的轉速協調在一個最佳值，使得壓縮機可以再繼續壓縮空氣、讓熱機循環不斷進行下去。

燃燒室與渦輪合稱發動機的**熱段**，是發動機最關鍵也最難造的部位。

渦輪和噴嘴導流葉片的內部都是做成空心的構造，讓來自壓縮機的冷空氣能夠從精確設計好的數個孔洞流出，形成一層氣墊來保護它們，並在渦輪和導流葉片內部不斷為其提供快速冷卻。

對於所有的引擎來說，冷卻都是一項至關重要的技術，冷卻氣流溫度愈低、流速愈快、與待冷卻的物體有愈多的接觸面積，就能愈快帶走愈多熱量。

發動機的渦輪必須要在極高溫的情況下持續高速旋轉，並承受極大的應力。其溫度可高至 1700 （超出許多金屬的熔點），而且一般金屬的機械強度會因為高溫而下降很多；渦輪尖端的轉速可高達 450 m/s，且每一片渦輪葉片上承受著超過 10 台巴士重量的力，可說是長期處在相當惡劣的工作狀況。

為了讓渦輪有更長的使用壽命，擁有先進工藝的製造商都使用**單晶渦輪製造技術**，讓其在縱向上有最好的機械強度。

　　現在有個值得注意的地方。如前所述，推力之一是「單位時間內空氣動量的改變」，也就是說在相同的時間內排出的氣體質量要盡可能多、速度要盡可能快。然而，如果發動機排出的空氣還有高溫或其他形式的剩餘能量，直接排出的話，那團空氣的潛力無法完全發揮，不就是一種浪費？所以如何將這些「潛力」盡可能兌換成推力，就是改進發動機運行效率的重點。

## （六）風扇＆旁通比

　　改善燃油效率的方法之一，就是在壓縮機前面裝一道**風扇**（fan），當渦輪在用中軸帶動壓縮機時也一起帶動它。

　　於是，發動機輸出的功會分出一部份去帶動風扇，而裝了風扇就能攪動質量更多的空氣，把它們提升到一定速度，接著一部份噴出（成為旁通氣流），一部份進入壓縮機，開始前述的循環。

　　這樣的行為，等於是讓渦輪從噴氣中汲取更多能量，並把這些能量交給風扇，風扇再利用這些能量去攪動空氣。這樣的動作可以提昇效率的原因，是因為：

- 推力＝「（質量／時間）× 速度」＝「質量流率 × 速度」

- 功率＝「$\dfrac{\frac{1}{2} \times 質量 \times 速度平方}{時間}$」＝「$\frac{1}{2} \times 質量流率 \times 速度平方$」

所以説，在付出同樣功率（亦即燒同樣多油）時，更大的質量流率（也就是攪動更多空氣）可以比提升噴氣速度獲得更多推力。

而這，就是**渦輪扇發動機**。

對於旁通氣流所佔的多寡，我們用**旁通比**（bypass ratio）來定義。

旁通比的定義是：**單位時間內，旁通氣流的質量和核心機氣流的質量的比值。**

追求燃油經濟性的**民航機會使用高旁通比的發動機**；然而對於戰鬥機而言，過高的旁通比會使發動機截面積過大、增加超音速飛行的阻力，且高旁通比不利於超音速飛行時的推力表現與提高發動機推重比，對於推力調整變化的反應時間也比較長，故戰機通常使用較低旁通比的渦扇發動機，旁通比落在 0.4 左右。對比之下，民航機的渦扇引擎旁通比可以高到接近 10。

▶ AL-31F 航空發動機後段。可清楚看到後燃器（圖中間環狀的構造）和調控噴嘴大小的機械結構。photo：作者

## （七）後燃器

對於戰鬥機而言，除了採用低旁通比的渦扇發動機，還會在渦輪後方、噴嘴之前加裝**後燃器**（AB ，After Burner）。

後燃器的用途是在氣體從噴嘴噴出之前進行**二度點燃、二次引爆**，可以讓發動機的推力增加約 **50%** 之多，不過後燃器非常耗油，使用後燃器的耗油率是使用前的 **3 ～ 4 倍**，也因此後燃器不能開太長時間。

後燃器最重要的作用，是在戰機發生空戰的時候，能夠在短時間持續產生最大的推力，使戰機做出各種迅速、靈活而敏捷的機動。當然，它也可以在戰機起飛階段提供強大的推力，以縮短跑道的使用距離。

## （八）噴嘴＆向量推力

發動機最後的**噴嘴**（nozzle），具有隨飛行狀態調整噴口面積大小的功能。

在次音速狀態下，噴嘴開口愈小，則噴出的氣流流速愈快；但是當噴出的氣流為超音速時，開口愈大，流速反而會愈快。噴嘴噴出的氣流流速如果愈快，該氣流的壓力就會愈小，速度的增加是拿壓力去換的。

在較新的戰機（如 Su-35、F-22），配備的發動機具有**向量推力**（thrust vectoring）功能，噴嘴的噴射方向可以調整（於下一章有相關敘述），用來強化飛機的機動性。

▶ F-16 打開後燃器，噴嘴的火焰明顯。Photo：Jepuo Tsai

▶ 戰機在起飛、爬升時常會使用後燃器。Photo： Jepuo Tsai

現役大多數的四代、四代半戰機，如果想要進行超音速飛行，都需要開後燃器，獲得的推力才足以執行。這也是為什麼大多數戰機的超音速飛行、最大速度飛行都只是「短程衝刺」。

　　戰機使用後燃器之前的最大推力稱為**軍用推力**，通常落在 80kN 左右；使用後燃器之後的推力稱為**最大推力**，通常可達到 120kN。不使用後燃器，僅依靠軍用推力就能實現超音速飛行的戰機（如歐洲颱風戰機、F-22 等），就被稱為具有**超音速巡航**（super cruise）能力，因為它們能夠在不使用後燃器、相對省油的情況下，持續實施超音速飛行。

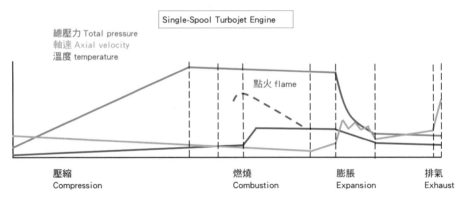

▶ 單軸渦輪噴射引擎（Single-Spool Turbojet Engine）內部各階段氣體總壓力、流速和溫度的變化圖。

## （十）發動機實例

▶俄羅斯 **AL-31F** 發動機。photo：作者

### 俄羅斯 Su-27 系列戰機使用的 AL-31F

- 旁通比：0.59
- 總壓縮比：23.8
- 渦輪前溫度：1412

- 推重比：4.77 / 7.87
- 耗油率：0.87/1.92 lb/（lbf h）
- 最大推力：74.5 kN / 122.58 kN

### 美國 F-15 和 F-16 使用的 F100-PW-229

- 旁通比：0.36
- 總壓縮比：32
- 渦輪前溫度：1350

- 推重比：4.75 /7.8
- 耗油率：0.76/1.94 lb/（lbf h）
- 最大推力：79kN / 129.7 kN

# 發動機的
# 熱力學概念

認識完發動機的內部構造後，在我們開始介紹其相對應的**熱機循環**（thermodynamic cycle）之前，必須先了解一下熱力學的相關概念：**控制體積**（control volume）、**熱力學第一定律**（the first law of thermodynamics）、**熱力學第二定律**（the second law of thermodynamics）。

## （一）控制體積

在一個流場中，我們不像平時面對一顆球、一輛汽車一樣，可以直接描述特定物體的運動或者受力。面對眼前不斷流動的流體，我們分析的方式，就不再是專注於某個質點的行為，而是把我們所要分析的區域圈選出來，**固定分析流場的特定區域**，隨著時間的過去，不斷有流體流入這區域，也不斷有流體從這區域流出。

這就好比我們站在一條河旁邊，我們不再看著某個水分子從很遠的地方向我們靠近，從我們眼前經過，再流離開我們；相反，我們固定觀察著河裡的特定區域，隨著時間推移，不斷有非常多的水分子流入、流出這個區域。

而流場中被圈選分析的區域，就叫**控制體積**。

對發動機而言，我們畫出的控制體積是沿著發動機本體包覆一圈。而空氣只會從一個地方流入——**進氣口**（不過還有燃油從燃油噴嘴注入控制體積中），也只會從一個地方流出——**噴嘴**，空氣在流進和流出的過程中，流速、溫度、壓力、密度、比熱都可能不同，甚至某些氣體還可能牽涉到固態—液態—氣態的相位變化。

從流體力學的角度，流入和流出控制體積的流體遵循**質量守恆**（conservation of mass）、**動量守恆**（conservation of momentum），此二者分別為流體力學連續方程式、柏努力公式的源頭；而從熱力學的角度，流入和流出控制體積的能量會遵循**能量守恆**（conservation of energy），且**熵**（entropy）**只增不減**。

## （二）熱力學第一定律

熱力學第一定律就是**能量守恆**。流進控制體積的能量，和流出控制體積的能量，應當要相等；以發動機來說，進氣時空氣的能量，加上引爆燃油時外加的能量，要等於氣流被噴出時的能量，與透過機械構造輸出的電能等各種能量的總和。只是能量有很多種形式，我們希望發動機噴出的能量是以能增加推力的**動能**為主，而不是以增加溫度、散失能量的的熱能為主。

## （三）熱力學第二定律

熱力學第二定律有許多描述方式，這裡會用熵的概念來做陳述：**封閉系統不可能以消滅熵的方式運行**。

換句話説，若在封閉系統中的反應會使熵減少，則該反應不可能會發生。理想情況下，該系統的熵可以在反應過程中不增不減，現實情況下則一定會增加。

什麼是熵？簡單來説，它是一個系統的混亂程度；

$$熵的變化：S_2-S_1=\left(\int_1^2 \frac{\delta Q}{T}\right)$$

積分範圍是從狀態 1 到狀態 2 的內部可逆反應（internally reversible process from state 1 to state 2），T 為溫度，Q 為熱量，S 為熵。

想像在一個完全**絕熱**（adiabatic）的密閉房間裡，系統內部完全被隔絕孤立，外面的能量進不來、裡面的能量也出不去，有一個溫度極高的磚塊擺在地上。時間一久，那塊磚頭當然會把它的熱量傳播出去，使得房間的地板、牆壁、空氣都微微增溫，而磚頭的溫度微微下降，很合理，但反過來的逆反應呢？磚頭有可能主動吸取周遭空氣的熱量，把自己加熱，並把周遭空氣變冷嗎？顯然這是違反日常生活經驗的，但熱力學第一定律卻無法解釋為何這個現象不會發生，畢竟逆反應整個過程也都是能量守恆的（這現象須由熱傳學傅立葉定律去解釋熱能傳遞只能由高溫至低溫，且熱傳量與溫度梯度成正比）。

如果我們用熱力學第二定律來看這些不同的狀態（state）的話，那

在一開始磚頭燙、周圍冷的情況，能量分布較為有秩序；後來磚頭降溫、周遭環境被加熱的情況，能量分布較為分散、凌亂，從一開始的情況到後來的情況，系統能量的混亂程度整體來說是增加的，故這個反應不同狀態之間熵的變化量是正值（熵增加）；至於逆反應的話，它就是一個熵減少的過程，不可能在不施加外部能量的情況下自然發生。

那為什麼熵總是會朝著增加的方向發展呢？這和機率有關係。

整齊分布的能量只有幾種排列形式，散亂分布的能量有極多種排列形式。

這就好像在一個書櫃中，所有的英文書都依照書名 A 到 Z 的順序整齊排放。接著，每天都從該書櫃中隨意抽取一本，看完之後再插回一個隨意的位置，這樣持續幾個月後，那個書櫃的書還保持整齊排列的機率就很低了，畢竟從排列組合的角度來看，整齊照書名開頭字母的排列方式只有一種，散亂的隨意排列方式卻有非常多種。

對於發動機來說，熵的產生，就意味著系統**不可逆程度**（irreversibility）的增加，也就意味著散亂形式的能量往各處分布、沒有集中起來有效運用，所以在作功的過程中盡可能減少熵的生成便能改善發動機的運行效率。

常見的會導致反應不可逆性的因子包括：熱的傳導逸散、不受控的氣體膨脹（至低壓區）、氣流的摩擦等。

# 四

# 渦輪噴射發動機的熱機循環圖——布雷頓循環

▶ F-104 使用的 J79-GE-19 渦輪噴射發動機 。Photo：作者

　　最後，讓我們來看到渦輪噴射發動機的熱力循環圖——**布雷頓循環**（Brayton Cycle）。以下說明都將氣體假設為理想氣體。

　　請各位注意，就因次分析的角度而言，氣體的「壓力 × 體積」，等於「力 ÷ 面積 × 體積」，意即「力 ÷ 長度$^2$ × 長度$^3$」，結果等於「力 × 長度」，是**功（能量）**的單位。

讓我們先複習一下幾種布雷頓循環中會進行反應的條件：

· **絕熱**（adiabatic），指沒有任何能量從參考體積的邊界進出，系統內部的能量是孤立的，不與外界交換。

· **等溫**（isothermal），指反應過程的溫度始終保持相等，能量可以從邊界自由進出。

· **等熵**（isentropic），指整個反應的熵保持相等，並無增加，也就是說，這個反應是可逆的。

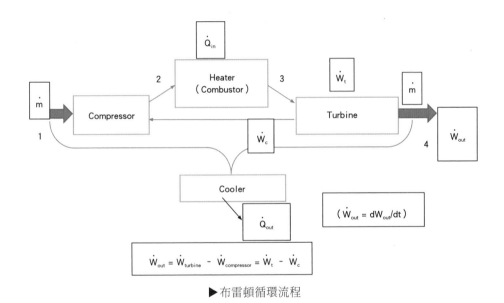

▶布雷頓循環流程

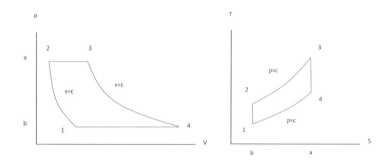

▶布雷頓循環的 P-V 圖（壓力與體積的關係）與 T-S 圖（溫度與熵的關係）

## （一）吸入冷空氣，等熵壓縮

渦噴發動機進行循環的第一個步驟，就是將吸入的冷空氣壓縮。

這對應到壓力─體積圖（P-V 圖）的 1-2 階段，壓力急遽增加，體積略微減少；而在溫度─熵圖（T-S 圖）中，氣體的溫度略為增加，熵則保持不變（理想化的假設）。

整個過程視為**等熵壓縮**（isentropic compression）。

## （二）點燃空氣，等壓加熱

第二個步驟，氣體進入燃燒室內被點燃、引爆。

在這個過程中，我們用「加入熱能」，來簡化燃油被引爆的複雜化學現象。

在這個步驟對應到的是 P-V 圖的 2-3 階段，氣體被引爆後體積迅速膨脹，壓力則約略看成不變；在 T-S 圖中，溫度明顯上升，熵也上升。

整個過程視為**等壓加熱**（constant-pressure heat addition）。

## （三）空氣膨脹推動渦輪，等熵膨脹

第三個步驟，氣體衝進渦輪，推動其旋轉後繼續向後流動。

這對應到 P-V 圖的 3-4 階段，藉由氣壓大幅的下降、體積上升、流速變快，氣流在這個階段帶動渦輪。在 T-S 圖中，溫度下降、熵保持不變（理想化的假設）。

整個過程視為**等熵膨脹**（isentropic expansion）。

## （四）排出剩餘氣體並吸入新空氣，等壓排出熱量

最後一個步驟，把剩餘氣體向後噴出，同時將新的空氣吸進來。

這對應到 P-V 圖的 4-1 階段，氣壓相等、體積減小（因為氣流被向後噴出），至於在 T-S 圖中，溫度下降，熵也減少。

不過這裡所謂熵的減少，不是指噴出氣流所含的熵減少（這違反熱力學第二定律），是指在控制體積的思考模式下，我把燃燒完的噴射氣流向後噴出，再吸進新的低壓冷空氣，所以如果只看控制體積，也就是發動機內的空氣，一切又回到原來的第一點起始點，再重新開始一次全新的循環。

整個過程視為**等壓排出熱量**（constant-pressure heat rejection）。

參考前面熵的變化公式，我們已經說過「壓力」乘「體積」等於「功」、「溫度」乘「熵」等於「熱量」（也是一種能量），由此可知從橫軸上升到前圖（左右皆然）2-3 那條線，再下降回橫軸所圍的面積，是每單位質量氣流所輸入的能量；從橫軸上升到圖形底部 4-1 線，再下降回橫軸所圍的面積，是每單位質量氣流所逸散掉的能量；而前圖中**「1-2-3-4」所圍的面積，就是每單位質量氣流所輸出的能量。**

　　很明顯，1-2-3-4 圖形圍的面積愈大，輸出的能量就愈高，而輸入的能量愈多、逸散的能量愈少，發動機的效率就愈高。順著這樣的想法，再加上一些熱力學公式推導，我們就可以得出：**引擎的高低溫度差愈大、壓縮比愈高，效率就愈好。**同時，戰鬥機的渦輪前溫度愈高，所產出的推力也就愈大，這要靠發動機的冷卻技術、渦輪的材料技術、冶金工藝，才得以讓發動機的運行溫度上升。

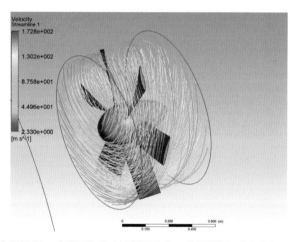

▶用電腦跑的流場模擬，由藍到紅為流速低至高；從這張圖可以看出，扇葉的末端流速是最快的，因為扇葉在轉動的軌跡上，外側的路徑最長，所以當扇葉在轉動時，其末端的轉速最快，氣體流速也最快。Photo：鍾昆翰

# 總結：評估發動機
# 性能好壞的指標

▶幻象 2000 戰機的 M53-P2 發動機開啟後然器起飛。Photo：C.H.Tang

▶發動機的性能對飛機的飛行表現有著決定性的影響。Photo：Jepuo Tsai

　　在專業的研究上，空氣在每一個階段的流速、溫度、比容（specific volumn，單位質量所佔的體積，密度的倒數）、比熱、壓力等好幾項參數都要逐一分析，但概略來說，發動機的**風扇壓縮比、壓縮機壓縮比、旁通比**是**設計變數**，這些參數，與發動機的渦輪前溫度，都會對其表現產生深遠影響。

　　評估發動機的常見指標包含發動機**推重比**（thrust to weight ratio），也就是推力和重量的比值；**每單位推力每單位時間所消耗的燃油重量**（TSFC, Thrust Specific Fuel Consumption）、**整體效率**等。推力、TSFC 等概念會在第五章時再次提及。

現役戰機的發動機推重比大多介於 7-8 之間，F-35 配備的 F-135 發動機推重比（開後燃器）則能夠超過 10。

另外，發動機推力越大，通常也意味著它的重量更重、耗油更多，所以換裝更強大的發動機是一件好事嗎？未必，事情不能看得太片面，飛機設計是要去找到一個最優化的設計點，而不是一味的在每個方面都追求愈大、愈強，想在每個方面都做到最好而不會在另一個方面付出一些代價，那幾乎是不可能的。

一台好的發動機，就是要能持續、穩定工作，在不同的飛行姿態（對應到不同的進氣條件）、空氣密度、飛行速度、發動機轉速，甚至在各種條件劇烈變化之時，都能可靠地運轉，為飛機提供動力，並有足夠的壽命。發動機的**推力表現、油耗固然為重要性能指標，但運轉的可靠性同樣不能忽視**；能做事情一次不出錯，跟幾千次不出錯，跟幾百萬次不出錯，是完全不同的境界。

CHAPTER 04

# 穩定與控制

▶採用放寬靜穩定技術的 F-CK-1 戰機。Photo：Jepuo Tsai

在我們決定好飛機的氣動力外型，完成實際的製造，並安裝上發動機之後，這架飛機就可以飛行了。然而，飛行必須是可控的，剛起飛就墜毀的飛行並沒有實用意義。為了使飛機穩定保持等高度水平飛行，並進一步控制它進行各種飛行動作，我們需要飛行員（或**自動駕駛系統**，autopilot）、**飛行控制電腦**（flight control computer）、**液壓系統**（hydraulic system）和**舵面**的調節，來達成穩定與控制的目的。

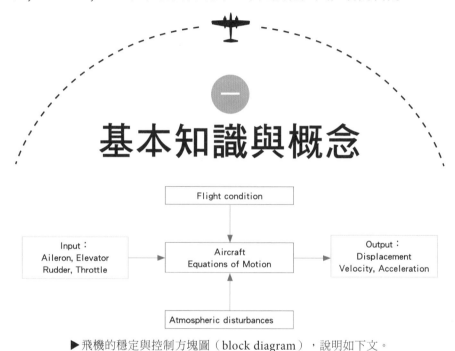

一

# 基本知識與概念

▶飛機的穩定與控制方塊圖（block diagram），說明如下文。

飛行器的控制，可以理解為輸入、受控體、輸出三者之間的交互作用。

輸入包含飛機主動的輸入（飛機主動打舵面的行為，這也是最主要的輸入）、環境所給予的輸入（其一是飛行條件，包含飛行的高度與速度，飛行空域的空氣密度與溫度等；其二是大氣的擾動），受控體就是指飛行器本身，輸出則是指飛行器最後的動態行為。詳細來看：

- 飛機主動的輸入（input）：飛機的副翼（aileron）、升降舵（elevator）、方向舵（rudder）、油門（throttle）
- 環境所給予的輸入：飛機的飛行條件（flight condition）、大氣擾動（atmospheric disturbances）
- 受控體本身的動態行為特徵：飛機本身的動態方程式（aircraft equations of motion）
- 輸出（Output）：包含位移（displacement）、速度（velocity）、加速度（acceleration）

以下將說明飛機輸入、輸出之間的關係。

## （一）飛行控制電腦

▶超機動飛行的背後，離不開強大的飛控電腦及其軟體的支持。Photo：Desmond Chua

飛行控制電腦負責控制飛機，或說協助飛行員控制飛機。

飛行員帶動操縱桿後，飛控電腦計算出飛行員想要的控制量，將指令藉由**線傳飛控**（fly by wire，一套電路控制系統，能將飛行員推拉操縱桿的力道轉換成電子訊號並傳輸至飛行控制舵面）輸出電子訊號，**制動器**收到命令後，藉由**液壓系統**以帕斯卡原理控制舵面（如升降舵、方向舵或副翼）。

飛行控制電腦也會幫助飛行員在微小擾動的氣流中不斷微調舵面、穩住飛機。

我們可以說，現代的飛機是飛行員操控電腦，電腦再操控飛機。飛控電腦是飛機上極重要的裝備，它的運算能力不需要很強大，但它的表現必須非常可靠，通常戰機上都會裝多台飛控電腦，一般情況下它們還會「投票表決」，避免其中一部運算錯誤而影響飛機的控制，或其中一部的失效而導致飛機墜毀，這樣的安全設計被稱為「冗餘設計」。

## （二）穩定性 VS 靈活性

飛機的穩定性與靈活性是兩個相反的指標，愈穩定的飛機就愈不靈活、愈靈活的飛機就愈不穩定。但任何的飛機都必須是穩定的，不穩定的飛機最後只有一種結局，那就是墜毀。

不過對於戰鬥機來說，靈活性是一項攸關生死的指標。現在的戰鬥機藉由飛控電腦的參與，在飛機設計上可以有更大的操作裕度——把飛機的穩定性降得很低，實際飛行時，再透過飛控電腦去迅速、即時且精確的調控各舵面，讓戰機平時能穩定飛行，但是在必要時（空戰）得以解放出極大的靈活性。

讓我們先從靜態的角度（靜力平衡的概念）去看一架戰機如何**配平**（trim），再從動態角度（輸入－輸出的動態響應特徵）去了解不同的設計為何會造就不同的飛行特性。

　　先將整架飛機視為一個**質點**，考慮系統所受的**合力**。

　　這時，它總共受到四個力：**升力**（Lift）、**重力**（Weight）、**推力**（Thrust）、**阻力**（Drag）。當飛機在空中保持等高度、等速度飛行時，升力和重力相等，推力和阻力相等，合力為零。

　　再來，讓我們將飛機視為一個**剛體**（rigid body）。

　　這時，除了合力，還要考慮全系統的**合力矩**是否為零的問題了。

　　一般情況下，上述四個力不會作用在同一個點上，重力的作用點可能在升力的作用點之前、推力的作用點可能在阻力的作用點之上，如此一來，就會產生力矩不平衡的問題了。這個時候，就需要升降舵、方向舵、副翼這些控制舵面去製造力矩（我們通常以**飛機質心**為參考點），進而平衡住整架飛機，而這樣的行為，就稱為**配平**。

▶飛機受力分析與六個自由度，說明如下文。Photo：Jepuo Tsai

前圖顯示各方向都有四種代號（合計 12 種），其意義如下：

- 力：X 為軸向力（axial "drag" force），Y 為側向力（side force），Z 為法向力（normal "lift" force）
- 速度：U 為軸向速度（axial velocity），V 為側向速度（lateral velocity），W 為法向速度（normal velocity）
- 力矩：L 為滾轉力矩（rolling moment），M 為俯仰力矩（pitching moment），N 為偏航力矩（yawing moment）
- 角速度：p 為滾轉率（roll rate），q 為俯仰率（pitch rate），r 為偏航率（yaw rate）

詳細來説，定義一架飛機的三個維度方式如下：

- X 軸：質心至機鼻方向的軸線，以機鼻指向為正向。
- Y 軸：質心至右翼翼尖的軸線，以右翼翼尖指向為正向。
- Z 軸：垂直於 X-Y 平面，與 X-Y 平面共原點（即質心）、貫穿飛機上下的軸線，以飛機下方為正向。

飛機前進，就是在 X 軸方向移動；飛機往左或往右，就是在 Y 軸方向移動；飛機上升或下降，就是在 Z 軸方向移動。

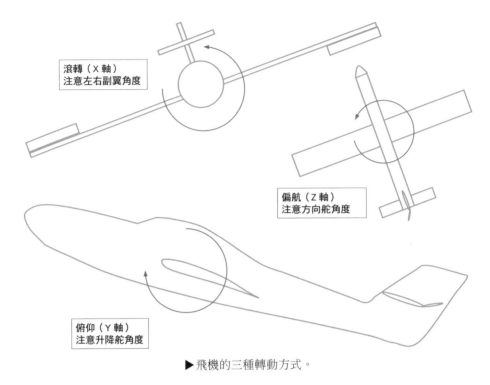

滾轉（X 軸）
注意左右副翼角度

偏航（Z 軸）
注意方向舵角度

俯仰（Y 軸）
注意升降舵角度

▶飛機的三種轉動方式。

而飛機的三種轉動方式如下：

· 滾轉（roll）：飛機的左邊的副翼（aileron）和右邊的副翼（aileron）
一上一下進行差動，使飛機對 X 軸轉動。

· 俯仰（pitch）：飛機的水平尾翼（或升降舵，elevator）往上或往下打，
使飛機對 Y 軸轉動。

· 偏航（yaw）：飛機的方向舵（rudder）往左或往右打，使飛機對 Z
軸轉動。

在戰機的設計中，水平尾翼（horizontal stabilizer）通常是全動式；
而垂直尾翼（vertical stabilizer）也有少部分戰機設計成全動式的。

以上的六種運動模式：沿 X 軸前後、沿 Y 軸左右、沿 Z 軸上下、繞

X軸滾轉、繞Y軸俯仰、繞Z軸偏航,就合稱為**飛機運動的六個自由度**(三個是移動、三個是轉動)。其中三種轉動模式將於後面的內容依序介紹:關於俯仰的縱向(longitudinal)穩定與控制、關於滾轉的側向(lateral)穩定與控制,以及關於偏航的方向(directional)穩定與控制。

▶ F-16 左右側的襟副翼一上一下進行差動,達到副翼的效果。Photo:Jepuo Tsai

# 二

# 分析縱向配平
# 所需概念

對於飛機的配平而言，最重要、最值得關注的，就是飛機縱向的**俯仰**。

一般的飛機左右都是對稱的，所以在沒有遇到擾動氣流的情況下，滾轉和偏航這兩種模態要平衡相對容易；然而俯仰角度牽涉到飛機的**攻角變化，會對升力的大小產生影響**，這就是它最重要的原因。

現在讓我們來分析一下飛機的俯仰姿態會受到哪些因素影響。

在現實中，若以飛機的質心為參考點，發動機推力的推力線和總阻力合力的作用點通常都會和質心存在高度差；如果發動機安裝位置較上面，則發動機推力合力的作用點就會高於質心，進而對飛機造成低頭力矩；另外，如果戰機在翼下或機腹下掛載副油箱、飛彈，或是起飛降落的階段起落架放下，都會造成額外的阻力，並會對飛機質心造成力矩。

不過，為了**簡化問題的複雜度**，我們在此**忽略以上提到的情況**。如此一來，會影響飛機俯仰姿態的就只剩**升力合力**和**重力**的**大小與位置**。

飛機重心靠前或靠後，很大程度決定了飛機的縱向穩定性。

飛機的重量也會隨著飛行中燃油的消耗、武器的投放等因素而改變，就連重心的位置也會改變。不過，如同前述理由，我們也在接下來的討論忽略這部分的影響，**先假設重力大小不變，重心的水平位置、垂直高度也都固定**。

到這個階段，一切只剩升力的影響了。

針對機翼，我們定義了兩個點：**（機翼的）壓力中心、氣動力中心**。

這部分已經於第一章講解過，不過為了接下來的討論，讓我們在此再說明一次。

**機翼的壓力中心**（center of pressure），就是機翼所受氣動力（包含升力以及阻力）合力的作用點。這個點的位置會隨著飛機攻角的變化而不斷改變，是個不固定的點。

在機翼所受的氣動力之中，升力是向上的力分量、阻力是向後的力分量，壓力中心位置的前後只受升力影響，阻力所造成的壓力中心高低變化在此暫不考慮。

壓力中心會隨飛機攻角變化而不斷位移，顯然在分析上不是很好的參考點。我們將升力作用的參考點移到另外一個點上，且當我們把升力從壓力中心移到這個點時，升力相對於這一段移動的距離會產生一個力矩，為了維持力學上的等價，我們在移動升力至新的作用點的同時，還會在該點加上一個反向的力矩，使得升力對整個系統的合力與合力矩保持不變。

當我們把上述那個參考點移到接近平均翼弦長 1/4 處的某個位置時，我們發現，此處的力矩大小不隨攻角的改變而有所變化，只有升力的大小值會隨攻角變化，也就是說，此處的力矩是個常數，這個點被定義為**氣動力中心**（aerodynamic center）。氣動力中心基本上是個固定點，在次音速情況下，它的位置接近於 1/4 弦長處；在超音速情況下，它的位置會後移到接近 1/2 弦長處。

針對整架飛機，我們也定義了兩個點：（全機的）壓力中心、中性點。

**全機的壓力中心**，就是把機翼、機身、水平尾翼的所受的升力和阻力都考慮進來後，所得到的合力的作用點。不過我們在此只在意這個點的水平位置在前後哪邊，因此不考慮阻力影響，簡單把它看成**全機升力合力的作用點**。

最後，在飛機上有個固定的**中性點**（neutral point），當飛機的重心被調整到這個點上的時候，**重心的力矩係數隨攻角的變化率是零**。這也就相當於是**整架飛機的氣動力中心**。

水平尾翼或鴨翼的設計很大程度決定了中性點的位置。對於一架無尾翼的飛機來説（如幻象 2000），如果我們忽略其機身產生的升力，則它全機的中性點就會和機翼的氣動力中心在同一處。

**重心位置的前後**，對於一架飛機的穩定性／靈活性有很大的影響。

一架飛機重心和中性點的距離，除以三維機翼的平均弦長，就稱為**靜穩定裕度**（static margin），以百分比表示，若重心在中性點之前為正，反之則負。

靜穩定裕度是個飛機在設計階段就決定好的值，原則上靜穩定裕度愈大的飛機就愈穩定，但太大的話會讓飛機過度穩定——操控起來會很緩慢、遲鈍、沉重，轉個彎都要費很大的力。

絕大多數的飛機，包含客機、運輸機或是比較早期的三代戰機（如 F-5、MiG-21），都是採用重心在中性點之前的設計，這樣的靜穩定裕度是正的，算是比較穩定的設計；F-16 以後的第四代戰機，得益於更為強大的飛控電腦幫助飛行員控制飛機，開始採用重心在中性點之後的設計，穩定裕度是負的，飛行表現更加靈活。

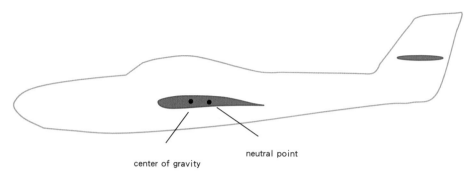

▶飛機的重心（center of gravity）大多在中性點（neutral point）之前。

　　現在，讓我們來了解飛機如何配平，以及不同的配平方式對動態特性會有什麼影響。

# 縱向配平分析：壓力中心與重心在同一點

考慮一架常規布局的飛機，現在，先去除水平尾翼。

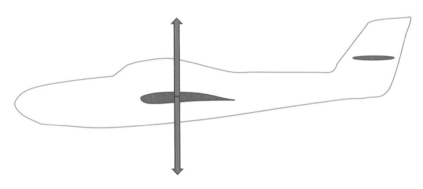

▶壓力中心和重心在同一點。

　　第一種情況：**壓力中心和重心在同一點**時，飛機處在完美的靜力平衡（這也就是無尾三角翼飛機的情況）。它不需要水平尾翼就能達到平衡。但這樣的設計要進行**俯仰機動**時所保有的「控制餘裕」就比較小，因為能拿來控制俯仰的只剩縫翼和襟翼。

　　這也就是為什麼幻象 2000 等無尾三角翼戰機在俯仰方面的敏捷性不如 F-16 這類常規布局的飛機，不過，有捨有得，幻象 2000 戰機沒有水平尾翼帶來的阻力與重量（重量也包含機內液壓系統、制動器等），再配合上大後掠角的三角翼設計，使它的高空高速飛行性能勝過 F-16 這類飛機。

無尾翼飛機在水平飛行時，襟翼（和縫翼）未必是在中性位置。

▶採無尾三角翼設計的幻象 2000 。Photo：Jepuo Tsai

# 四

# 縱向配平分析：重心在前、壓力中心在後

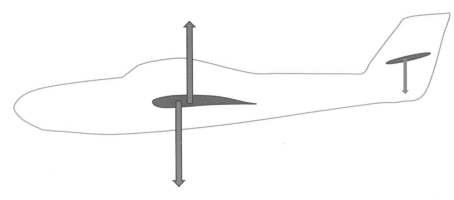

▶重心在前、壓力中心在後的受力情形。

## （一）靜態角度分析配平

　　第二種情況：如果飛機重心在前、壓力中心在後，那這架飛機就會有**低頭的傾向**。但飛機低頭不會造成機翼失速，而且在飛機低頭時，主翼的攻角也會減少，造成升力一同減少，反而有減緩低頭這個力矩的效果。這就是所謂的「**靜穩定**」，然而若沒有水平尾翼，機鼻不斷低頭，還是無法維持水平飛行（當然，如果僅依靠主翼的襟翼和縫翼就可以將姿態調整回來，那就相當於是回到了前一種情況）。

這時，我們可以把水平尾翼裝回去，把水平尾翼當成控制器，把飛機當成要控制的主體，只要水平尾翼打一個正確角度的負攻角，產生一個大小適中的向下力，就可以壓低機尾，抬高機鼻，平衡這架飛機，使其保持水平穩定飛行。這是以前戰機及現在大多數客機的配平方式，是比較穩定、但也比較不靈活的設計。它的靜穩定裕度為正。

▶注意到此圖中 F-5 戰機的水平尾翼是向下打的。Photo：Jepuo Tsai

## （二）動態角度分析配平

上面是以靜態的靜力平衡角度來解釋配平的行為，下面讓我們從動態的角度（輸入－輸出的關係、動態響應特徵等）來探討飛機的穩定性。

先假設這架飛機的尾翼一開始就已經安裝，是對稱型翼剖面，並以很小的負攻角安裝。

當飛機的水平尾翼打一個負攻角、產生向下的力，飛機的姿態會改變，機尾下降，機身上仰、攻角增加，並使機翼產生的升力也增加。

重點來了，對於重心在前、壓力中心在後的飛機來說，「升力增加」這件事情對飛機產生的是低頭力矩（如果純粹只看重力和升力，忽視水平尾翼），這等於是在和試圖將飛機抬頭的水平尾翼作對抗！

當然，最後的結果仍然會是飛機抬頭、升力增加，但也可以看出這種設計的飛機，其姿態較不容易改變，比較穩，但也比較不靈活。

以專業的控制工程用語來說，就是這個系統（飛機），具有收斂（自動改平）的傾向。

## （三）控制響應與性能指標

在此，回到本章第一節所提及的控制概念，我們把**水平尾翼往下打一個角度的行為當成輸入**（input），**整架飛機（含水平尾翼）當成系統**（system），**飛機的姿態改變當成輸出**（output）。

要分析輸入與輸出的關係時，我們需要使用「控制響應與性能指標」的概念，也就是分析輸入、預期輸出與實際輸出之間的關係。在此會用到以下概念：

· **輸入訊號**：平尾如果快速打一個攻角後返回，這樣的輸入類似於脈衝訊號（impulse），飛機的平尾如果持續打著一個角度，這樣的輸入就類似於步階訊號（step）。當然也有其他的輸入訊號打法。

· **安定時間**（settling time）：當飛機收到輸入後，假設目標的輸出是姿態上仰 5 度，則從輸入訊號送入系統到輸出訊號趨近目標值、達到穩態所經過的時間便是安定時間。

· **穩態誤差**（steady-state error）：假設目標的輸出是姿態上仰 5 度，若輸出的響應（飛機姿態的改變）無法達到期望值，比如實際只上仰

4.95 度，則這 0.05 度的差值就稱為穩態誤差。

- **時域規格**：系統對於訊號輸入的上升時間（rise time）、尖峰時間（peak time）、尖峰值（peak value）、安定時間（settling time）等一系列從時間的角度衡量系統控制響應的指標。

時域響應對應到的是飛機所謂的靈活、靈敏性。快速的時域響應對應的，就是飛機在飛行員帶桿、打舵面後，很快地就做出姿態改變或位置移動等反應，但有的飛機在飛行員帶桿之後，反應相對遲鈍，需要較長的時間來調整姿態、加減速或側向移動等，這通常是較大較重的民航機、轟炸機。

- **頻率域規格**：我們從頻率的角度來衡量系統的控制響應，常見的指標有諧振頻率（resonant frequency）、諧振峰值（resonant peak value）、頻寬（bandwidth），這些指標稱為頻率域規格。若輸入的訊號是正弦波（sinusoidal wave），則系統的動態響應也會是正弦週期函數，只是隨著輸入正弦訊號的頻率變化，輸出的正弦訊號的大小和相位也會有所不同。

以週期性的特定頻率訊號為例，飛機若持續進行俯仰操作，抬頭、低頭、抬頭、低頭……，這樣一上一下不斷重複，就相當於升降舵在給飛機本體輸入一個正弦週期波訊號。同理，不斷進行左右偏航等各種週期性的行為，都算某種具週期性的特定頻率訊號輸入。

輸入訊號的頻率（可能是飛行員不斷改變操縱桿方向的頻率）和輸出訊號的頻率（飛機跟著不斷抬頭、低頭的速度）之間關係的一些特徵（比如在不同的輸入頻率之下，輸出訊號相對於輸入訊號的延遲和強度衰減），就可以用頻率域的規格來表示。

好的頻率響應規格，如較寬廣的頻寬，就是在較廣的輸入訊號頻率範圍內，輸出訊號相對於輸入訊號的大小及相位落差都在可接受的範圍之內，以飛機而言，就是「飛機的反應跟得上我飛行員不斷變換的操

縱桿速度的程度」，說到底也是在衡量飛機的靈活性。所以，時域和頻率域其實可說是用不同觀點在探討同一個系統，它們的規格指標儘管不同，仍有可類比之處。

## （四）小結

在此簡單小結：對於重心在壓力中心之前的飛機來說，它有兩個重要的特徵：

第一，飛機在零升力攻角時（機翼在此攻角不產生任何升力，以有曲度的翼剖面來說，這會是個微小的負攻角），位於重心的抬頭力矩係數必須是正的。這意味著飛機在零升力攻角時，機體會自然上翹，自動取得一個攻角後保持平飛。

第二，升力所造成位在重心的抬頭力矩係數，隨攻角增加而減少、隨攻角減少而增加，二者呈負相關。

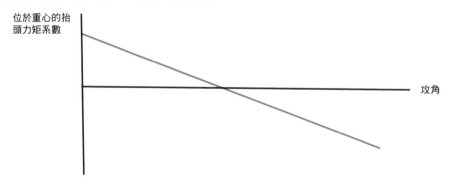

▶對於重心在壓力中心前的飛機，藍色線的斜率會是負的。需注意的是，橫軸和縱軸的交會處並非（0,0），而是如（-0.5°,0）之類的數值，前者一定是微小的負值。

144

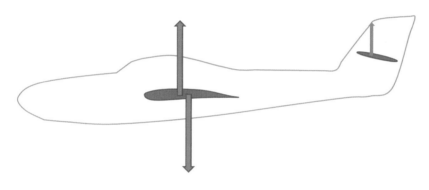

# 五

# 縱向配平分析：壓力中心在前、重心在後

▶壓力中心在前、重心在後的受力情形。

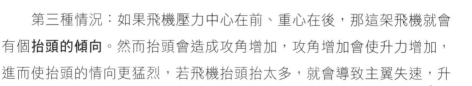

## （一）靜態角度分析配平

第三種情況：如果飛機壓力中心在前、重心在後，那這架飛機就會有個**抬頭的傾向**。然而抬頭會造成攻角增加，攻角增加會使升力增加，進而使抬頭的情向更猛烈，若飛機抬頭抬太多，就會導致主翼失速，升力瞬間幾乎消失，飛機開始墜毀。這就是所謂的「**靜不穩定**」。

現在，為了避免上述情況發生，我們把水平尾翼裝回去。此刻，只要水平尾翼能打一個正確角度的正攻角，產生一個恰到好處向上的力，就能平衡住這架飛機。

但水平尾翼的舵面必須打得很準，而且空中隨時有各種空氣擾動、亂流，因此舵面必須以非常快的速度不斷微調它的角度，以確保時時刻刻都能穩住飛機。這個工作就交由飛行控制電腦來完成，而這樣的控制技術，就叫做**放寬靜穩定技術**（Relaxed Static Stability）。

▶接近平飛的 F-CK-1 戰機，它的水平尾翼是向上打的。Photo：Jepuo Tsai

## （二）動態角度分析配平

以上就是從靜態角度來看它配平的方式，現在我們一樣用動態響應（dynamic response）的角度來分析：

當平尾向下打，使得它提供的升力變小、消失，或甚至變成向下的力時，飛機的機身上仰、攻角增加、升力變大。

注意，對於壓力中心在前、重心在後的飛機來說，「升力增加」對飛機產生的是抬頭力矩（一樣只管升力和重力，不看平尾），這等於是自動在**增加抬頭的傾向、加劇平尾的作用**！

　　這樣的機制，會使飛機姿態（output）對於平尾角度的改變（input）反應非常**迅速靈敏**（rapid response）。以控制工程的用語，這樣的系統（壓力中心在重心前的飛機）具有**發散的傾向**（俯仰角自動不斷擴大）。

　　當然，以此例來說，如果飛機的攻角一直增加下去，最後就會失速，我們當然不允許這種情況發生。怎麼救？那就讓水平尾翼即時打一個反方向的正攻角，把飛機改平回來。不過，正攻角如果打太多，飛機就會往另一個極端發展——開始低頭下墜愈來愈嚴重。

　　所以說，這個平尾必須要能夠反應非常快速，一下往上打、一下往下打，即時精確控制住飛機，讓本身具有發散傾向的飛機（系統），在水平尾翼（控制器）的控制下，能夠平穩的飛行（有穩定的動態表現）。

## （三）小結

　　現代的戰鬥機大多使用這種方式控制飛機，因為空戰機動中常需要做大攻角的動作，採取這種配平方式的飛機，只要舵面一調整，戰機的姿態反應就非常靈敏，而先進的飛控電腦又可以適時調整舵面，給予飛機必要的控制，讓飛機能在最大限度發揮機動性能時不會失速或甚至墜毀。

　　這類戰機相較於傳統戰機，在降低穩定度、增加靈活度這件事上，完全上升到新台階。此外，在平飛條件下，它們的水平尾翼提供的是正的升力（而非傳統的負升力），因此分擔了主翼要產生升力的負擔。

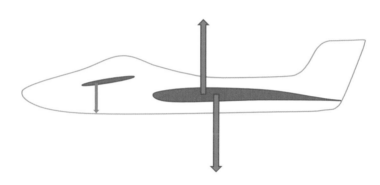

▶鴨式佈局的受力情型。

　　這種情況的另外一種解決方案，就是**鴨式佈局**（canard configuration）。

　　鴨式佈局的飛機是在主翼前方加一對鴨翼來配平（也就相當於把剛剛說的水平尾翼裝在機身前方）。氣流流經鴨翼後會產生渦流，**有類似邊條翼的作用**（詳見第一章），不過，此時鴨翼打的就是負的攻角。此種布局較少用於重心在壓力中心之前的情況。

### 機鼻指向性

　　鴨式佈局的飛機，如 JAS-39、殲 10、歐洲颱風戰機、陣風戰機等，它們的**機鼻指向性**通常較好，也就是說，戰機能在近距空戰中**迅速改變機鼻指向**，讓它的雷達能夠鎖定住敵機並發射飛彈。

　　鴨式布局飛機的主翼是展弦比較低的三角翼，轉彎時，較大的誘導阻力會使其容易掉速度；而在相同負載係數下，速度愈低，迴轉率就愈高（詳見第五章），因此鴨式布局的飛機通常瞬間指向性好、持續盤旋性差。

▶對於鴨式佈局的飛機，氣流會先流經鴨翼才抵達主翼，故鴨翼的角度對主翼產生升力的情形會有較大影響。Photo：作者

▶採用鴨式佈局的 JAS-39。Photo：M.H.Liao

　　另一個增強機鼻指向性的方法就是**向量推力**。如第三章「噴嘴」部分的介紹，戰機可藉由向量噴嘴改變氣流噴射的角度，造成推力線方

向改變，對飛機質心造成力矩，改變飛機的姿態。一般的水平尾翼、方向舵都是氣動力舵面，在飛行速度低時，控制力都會下降，但向量噴嘴沒有這問題，只要發動機持續輸出推力，它就能夠控制飛機。

不過有得必有失，向量推力的噴嘴構造或多或少還是會增加重量及維修保養的工作量。

▶ Su-35（上）和 Su-30MKM（下）都配備有向量推力噴嘴（其中前者配備的型號更先進）。Photo：Jepuo Tsai

# 超音速時的
# 縱向配平變化

六

　　以上都是討論次音速的飛行狀態。當飛機進入超音速狀態時，升力的作用點會往後移，通常會移到重心後面，若已經在其後面者會移到更後面，因此，各個舵面配平情況就會有所調整。以重心在壓力中心之後的飛機為例，它在進入超音速後，會變成重心在壓力中心之前的情況，常規布局的水平尾翼就必須提供負升力、鴨式布局的鴨翼就必須提供正升力來配平。

　　接下來，讓我們稍微認識一下側向以及方向的穩定性設計。

七

# 側向的
# 穩定與控制

▶機翼採上反角設計的 T-34C 型初級教練機。Photo：Jepuo Tsai

　　側向的穩定與控制主要由副翼負責。飛機的主翼有時會向上偏折一個角度（如微微的 V 字型），這稱為**上反角**（dihedral），是一種**增強穩定性**的設計。

　　想像一架有上反角設計的飛機，當它受到擾動，使其滾轉了一個角度，例如右翼被往下壓、左翼被往上抬。滾轉所造成的升力線偏移，會

導致飛機側滑和高度下降，進而使右翼的等效攻角增加，增加升力，被抬高的左翼則相反，在這兩側升力一升一減的情況下，飛機的姿態就會自動調整回來。

相反的主翼設計是**下反角**（anhedral），用來降低穩定性、**增加靈活性**，常見於大型軍用運輸機。

▶ T 型尾翼（將平尾放得更高）、主翼有下反角的 A400M 運輸機，它的螺旋槳攻角還可以根據飛行狀態調整（variable pitch）。Photo：Desmond Chua

除了上反角與下反角之外，機翼與機身的位置關係（如在頂部、中部或底部）也會影響穩定性。

**戰鬥機的機翼通常採用平直的中單翼設計**，即不上反也不下反，置於機身中間。這是因為戰機常要進行側飛、倒飛等動作，為了避免飛機在不同姿態的飛行性能出現太大差異，就選用了最單調的設計。此外，後掠翼能增強飛機的側向穩定性。

# 八

# 方向的
# 穩定與控制

▶尾翼的設計（如展弦比、面積、後掠角等）及其與飛機質心的距離影響著它的效用。
Photo：作者

最後，方向的穩定與控制主要由**垂直尾翼（方向舵）**負責。在飛機進行高攻角機動時，機身會遮住一部份本來該流往垂直尾翼的氣流，因此如 F-16 等戰機為了增強高攻角機動時的方向穩定性，避免戰機出現側滑，會在機身下方裝上腹鰭片，增強方向的穩定性。

實際上，飛機側向和方向穩定與控制會有較大程度的耦合現象，二者要一同合併討論。

▶ F-16 機腹下方的鰭片能增強高攻角飛行時的方向穩定性。Photo：Jepuo Tsai

# 九

# 總結

　　水平尾翼、鴨翼或垂直尾翼等控制面的**面積大小、展弦比、與飛機質心的距離**等，都決定了它們的**控制力**。它們的**前緣後掠角、後緣後掠角**則會對飛機的**超音速性能、雷達回波方向**有影響。基本上面積愈大，它的控制效果就愈好，但同時也會造成全機摩擦阻力等各種阻力的上升，因此一般來說，在控制力足夠的情況下，**控制面做得愈小愈好**。

▶颱風戰機靠主翼的縫翼和襟翼就可配平，其鴨翼較像是純粹的控制面；又因其鴨翼位置較靠前，故有較長的力臂去控制飛機。Photo：Jim Russell

▶集三翼面布局、向量推力於一身的 Su-30MKM，有著極佳的空中機動性。

Photo：Jepuo Tsai

　　最後，飛機總體來看一定要是穩定的；不穩定的飛機只會有一種結局，那就是墜毀。現代戰機普遍使用的所謂放寬靜穩定技術（靜不穩定技術），就是透過控制器（水平尾翼等舵面）的補償（打舵面的這個動作），使得原來靜態狀態下不穩定的系統（原來沒有舵面參與的飛機），具有穩定的動態行為（穩穩地飛在空中）。藉由快速、靈敏且精確的電腦，在全系統動態穩定的大前提下，將上述降低穩定性以獲得靈活性的行為發揮到極致。

CHAPTER 05

# 飛行性能分析

▶ F-CK-1 戰機主要針對中低空高次音速纏鬥做最佳化設計。Photo：Jepuo Tsai

經過前幾個階段後，整架飛機的設計已經全部完成，現在，就讓我們著手開始分析它的飛行性能。如果分析後發現飛行性能不符合要求（如最大速度不夠快、轉彎率不夠高、升限達不到要求、航程太短等），那就必須回到前面的階段更改，如改變主翼氣動力外型、增加發動機推力（雖然這也時常意味著油耗和重量上升）、減輕結構重量、更改控制舵面的設計等。飛機的設計就是藉由不斷迭代、各方之間相互妥協、反覆優化的過程中，找到共同的最佳設計點。

這章分析的飛行性能有水平等速飛行的情形、空中機動的情形（進行加減速、轉彎等）、用總能量的方式分析性能，以及分析航程、續航力（也就是續航時間）等。

# 一
# 水平等速飛行分析

飛機在天空中保持水平、等速度飛行時，機身會受到四個力：升力（L）、重力（W）、推力（T）、阻力（D）。 在此，我們先將整架飛機視為一整個系統，假設以上四個力及接下來提到的各個力都作用在飛機的質心。（至於飛機是如何穩住機身，達到系統合力矩的平衡，請參考上一章〈穩定與控制〉的內容）

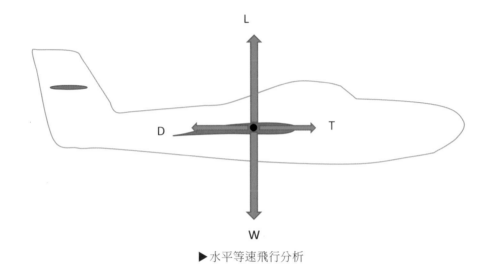

▶水平等速飛行分析

在垂直方向上，升力和重力大小相等、作用方向相反，飛機保持等高度飛行：

$$L = W$$

在水平方向上，推力和阻力亦互相抵銷，飛機維持等速飛行：

$$T = D$$

## （一）升阻比（Lift to Drag Ratio）

此先介紹「升力和阻力的比值」，也就是**升阻比**（Lift to Drag Ratio）：

$$L/D = \frac{L}{D} = \frac{C_L}{C_D}$$

經由上一節的兩行公式，我們可以得出：L×T　W×D。

由此我們可推導出一個重要結論：

$$T = \frac{W}{L/D}$$

即「推力」等於「重力」除以「升阻比」。

這裡的推力指的是維持等速度等高度飛行的「需求推力」（$T_R$，Thrust Required）。

▶ Su-27/30 系列飛機機身採用舉升體設計，有較佳的升阻比。Photo：Jepuo Tsai

由前述關係式可知，飛機重量固定時（不考慮燃油消耗），升阻比愈大，維持水平等速飛行所需要的推力就愈小。 飛行器的升阻比會受到氣動力外型影響。只不過這裡指涉的氣動力外型是廣義概念，包含飛行器本身的形狀（這通常是固定的，除非遇到有可變後掠翼的飛機），以及飛行器在流場中的姿態——更簡單地說就是攻角。

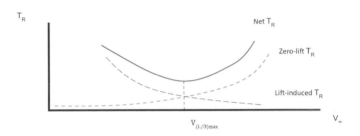

▶需求推力 $T_R$ 與速度的關係，Net $T_R$ 為實際飛機在各個不同速度下飛行所需的最小推力，也就是下列兩項目的總和；Zero-lift $T_R$ 即為了克服寄生阻力所需要的最小 $T_R$；Lift-induced $T_R$ 即為了克服誘導阻力所需的最小 $T_R$。

▶低速時需要更大的攻角來產生足夠升力、維持飛行，但誘導阻力也會隨之增加。
Photo：Jim Russell

▶高速時只需要微小攻角就有足夠升力，但飛得愈快，寄生阻力愈大。

Photo：Jim Russell

　　我們在第一章介紹過，阻力可分為寄生阻力和誘導阻力。阻力係數 $C_D$ 也由寄生阻力係數 $C_{D,0}$ 和誘導阻力係數 $C_{D,i}$ 構成，而誘導阻力係數的大小和升力係數有關。阻力係數公式為：

$$C_D = C_{D,0} + C_{D,i} = C_{D,0} + \frac{C_L^2}{\pi e AR} \text{。}$$

而阻力的計算方式為：

阻力＝阻力係數 $C_D$ × 動壓 × 參考面積

　　速度愈低，愈需要提高攻角來獲得足夠升力，但這會增加誘導阻力；速度愈高，攻角可以愈小，但由於動壓增加的關係，寄生阻力也會增加。

我們在這裡直接呈現出計算後的結果，那就是當飛機處在特定飛行攻角，使：

$$寄生阻力係數\ C_{D,0} = 誘導阻力係數\ C_{D,i}$$

此時，升阻比 $\dfrac{C_L}{C_D}$ 會有最大值，飛機就可以用最小的推力去保持水平等速飛行。

## （三）需求功率與可獲得功率

然而，推力並不只看發動機運轉的強度。實際上，由於推力的本質是單位時間內空氣動量的改變，發動機最多能提供多少推力，和發動機的種類、空速（飛行器與氣流的相對速度）及飛行高度有關。概略來說，空速變高時：

- 往復式螺旋槳引擎：能提供的最大推力會下降，在接近音速時尤為明顯。
- 噴射引擎：隨空速的增加，能提供的最大推力會漸增。

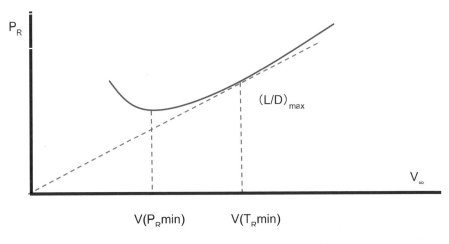

▶需求功率與速度的關係。

推力畢竟只是單純力的大小，不含時間的因子，考量到時間因素後，比推力更重要的指標是功率。功率就是在單位時間內作功的大小；而功又等於「力」乘上「（功的）作用距離」，所以功率就等於「力」乘上「作用距離」再除上「時間」，也就等於「引擎的推力」乘上「飛行的速度」：

$$P（功率）= T（推力）\times V（速度）$$

那麼，要怎樣才能讓引擎輸出最小功率時便能維持等速飛行呢？在此直接講結論，當 $C_{D,0} = \frac{1}{3} C_{D,i}$ 時，飛機維持水平等速飛行所需的功率是最小的，在此情況下，發動機就可以最節省的輸出功率來運轉。這是個重要結論。

發動機在不同空速、不同高度之下，所能輸出的最大推力、最大功率也不同。

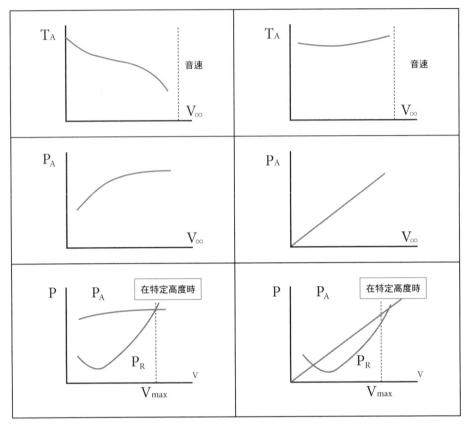

左側三張圖為活塞螺旋槳引擎飛機，右側三張圖為噴射引擎飛機。代號意義：$T_A$ 是最大可獲得推力（Thrust Available）；$P_A$ 為最大可獲得功率（Power Available）；$P_R$ 為最低所需功率（Power Required），V 為速度（Velocity），$V_\infty$ 指的是不受物體干擾的自由氣流流速。

# 空中機動

現在，了解到飛機在某種飛行條件下（空速、高度）其「所需的最小推力、功率」和「發動機所能提供的最大推力、功率」後，我們就可以進一步的討論飛機的水平直線加減速、爬升、下降、轉彎等空中機動。

## （一）水平加減速

飛機只要增加推力，使其推力大於阻力，就能實現水平加速。

只不過飛行速度增加時，通常機翼產生的升力也會跟著增加（因為動壓增加了），所以通常會配合襟翼或縫翼的調整，或飛機本身攻角的改變，使得飛機所獲得的升力保持不變，以便維持等高度飛行。

若要減速，飛機可藉由攻角、襟翼或縫翼的調整，甚至減速板的伸展，來使其阻力變大，當阻力大於當前推力時，飛機就會減速。

▶以近乎水平姿態加速中的 F-CK-1 戰機。Photo：Jepuo Tsai

## （二）推重比（Thrust to Weight Ratio）

引擎的推力（T）和飛機重量（W，此處是指重「力」：W=mg）的
比值稱為推重比（Thrust to Weight Ratio）：

$$T/W = \frac{T}{mg}$$

這個指標對許多飛行性能有著深遠的影響，在本書第八章以後探討
戰機性能時有相關敘述。

▶ F-15E 得益於強大的引擎，有很高的推重比。Photo：Desmond Chua

## （三）爬升

▶開後燃器爬升中的 F-16。Photo：Jepuo Tsai

爬升，則是藉由輸出比當前需求功率更大的功率，讓飛機沿一定的角度向上爬。

## 剩餘功率

發動機所輸出的功率等於「推力」（T）乘上「空速」（V）。

飛機所需的「最小功率」為「最小推力」乘上「空速」。由於最小推力飛行為「等高等速飛行」，在這情況下，「最小推力」會等於「阻力」，因此「最小功率」也就是「阻力」（D）乘上「空速」（V）。這兩者的差距就是「多出來的功率」，稱為「剩餘功率」：

$$T \times V - D \times V = TV-DV$$

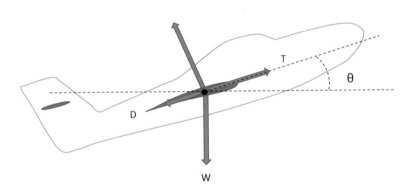

▶爬升的合力分析。

## 爬升率（Rate of Climb）

而飛機機鼻上仰　度時的爬升率是高度的增加率，也就是飛行速度的垂直分量（V sin ）。

此時我們可以分析各方向的力：

$$推力 T = 阻力 D + W \sin\theta$$
$$升力 L = W \cos\theta$$

再將推力的等式左右同乘速度 V 就可推得：

$$TV = DV + WV \sin \theta$$

接著我們便可獲得爬升率 V sin 為：

$$V \sin \theta = \frac{TV\text{-}DV}{W}$$

換句話說，「爬升率」（Rate of Climb, 以下簡寫為 R/C）等於「剩餘功率」除上「重量」：

$$R/C = \frac{TV\text{-}DV}{W}$$

又由於 R/C $\frac{dh}{dt}$，故可以用積分算出從高度 $h_1$ 爬升到高度 $h_2$ 的所需時間：

$$t = \int_{h_1}^{h_2} \frac{1}{R/C} \, dh$$

當飛機不斷爬升到特定高度，使爬升率降低至 100ft/min 時，此高度稱為飛機的實用升限；若再繼續往上飛直到爬升率為零的高度時，則稱該高度為絕對升限。

下降時，假設飛機無推力 T，計算就會單純許多，下滑角可以用此公式計算：

$$\tan \theta = D/L$$

▶轉彎中的殲 10。Photo：Jepuo Tsai

　　至於飛機的轉彎，以等高度轉彎來説，可以用極座標來描述它的速度與加速度。我們在此先考慮比較簡單的情形——轉彎的曲率半徑為常數，也就是圓周運動。

　　當飛機傾斜（滾轉）一個角度以執行水平轉彎時，它的重力依然向下，但它的升力作用方向就和鉛垂線形成了一個夾角；升力的垂直分量繼續扮演升力原本的角色——抵銷重力以維持等高度飛行，而**升力的水平分量**便會提供圓周運動的**向心力**。

　　與水平直線飛行時相比，飛機等高度轉彎的升力垂直分量必需完全抵消重力，故飛機需要比原來更大的升力才行，這也就代表**轉彎中的飛機通常需要發動機提供更大的推力**。

### 翼負載（Wing Loading）和負載係數（Load Factor）

這裡要定義兩個飛行性能指標：翼負載和負載係數。

**翼負載**（Wing Loading）等於重力除以翼面積，也就是每單位翼面積（S）承受多少飛機的重量（W）：

$$翼負載 = \frac{W}{S}$$

負載係數 n（Load Factor）則是「當前的升力」（L）除以重力（W），換句話說，負載係數就是所謂的「G力」：

$$負載係數\ n = \frac{L}{W}$$

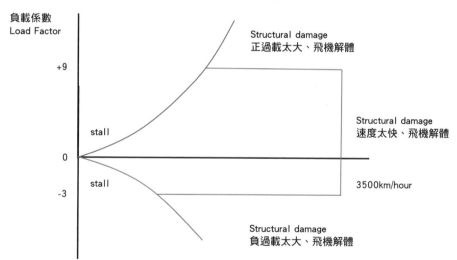

▶翼負載與速度的關係圖，藍色線包圍區域是飛機的操作範圍。

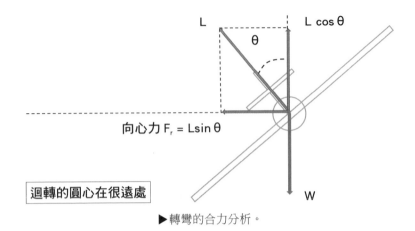

向心力 $F_r = L\sin\theta$

迴轉的圓心在很遠處

▶轉彎的合力分析。

升力的垂直分量等於重力：

$$L\cos\theta = W$$

升力的水平分量等於向心力：

$$L\sin\theta = F_r$$

由於

$$\sin^2\theta + \cos^2\theta = 1$$

$$\sin\theta = \sqrt{1 - \cos^2\theta}$$

故：

$$F_r = L\sqrt{1 - \cos^2\theta} = \sqrt{L^2 - L^2\cos^2\theta} = \sqrt{L^2 - W^2}$$

$$= W\sqrt{(L/W)^2 - 1} = W\sqrt{n^2 - 1}$$

又圓周運動的向心力公式：

$$F_r = m \times \frac{V^2}{R} = \frac{W}{g} \times \frac{V^2}{R}$$

綜合以上兩式，我們可以得到飛機的迴轉半徑：

$$R = \frac{V^2}{g\sqrt{n^2 - 1}}$$

與飛機的迴轉角速度：

$$\omega = \frac{d\theta}{dt} = \frac{g\sqrt{n^2 - 1}}{V}$$

由此可看出，**負載係數 n 愈大或速度愈小時，飛機的轉彎半徑 R 就愈小，角速度 ω 就愈快**。然而負載係數卻不能無限大，因為機身的結構強度有限制，而且人體能承受的極限 G 力大致在 -3G～+9G 之間。

飛機垂直轉彎的情形（類似摩天輪那樣轉圈），只需要在畫自由體圖的時候再多加入重力的考量，並依循相同的方法去分析即可。

▶雷虎小組進行特技飛行。Photo：Jepuo Tsai

▶ F-CK-1 戰機進行高機動轉彎。Photo：Jepuo Tsai

# 高度—馬赫—單位剩餘功率圖

另一種分析飛行性能的觀點，是把飛機在飛行時的動能 $K = \frac{1}{2}mv^2$ 和位能 $U = mgh$ 加成總力學能，而飛機在進行各種機動飛行時，就是力學能一直在動能和位能之間不斷轉換。

總力學能（Total Aircraft Energy）＝位能＋動能＝ $PE + KE = mgh + \frac{1}{2}mv^2$

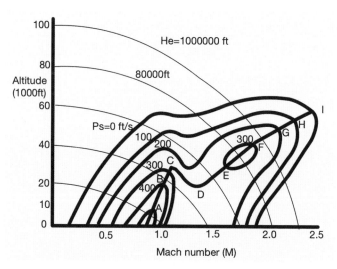

▶高度—馬赫—單位剩餘功率圖，以 F-104G 戰機為例，負載係數 =1 時，機身重量 18000 磅（約 8165 公斤），引擎輸出最大推力。

將飛機的總力學能除以飛機的重量，就可以得到**每單位重量所擁有的力學能 $H_e$**（此時長度的單位變為英呎，以細線表示）。$H_e$ 可完全兌換成位能，也就是速度為零時的高度，也可完全兌換為動能，也就是高度為零時的速度，前圖中的細線就是 $H_e$ 的「等位線」。

$$\text{單位能量（Specific Energy）} H_e = \frac{PE+KE}{W} = \frac{mgh+\frac{1}{2}mv^2}{mg} = h + \frac{v^2}{2g}$$

而飛機在不同的飛行高度和速度所需要的推力、發動機所能提供的最大推力都不同，也就是在不同高度和速度條件下，剩餘功率都不同。將剩餘功率除以飛機重量，就可以得到飛機**每單位重量的剩餘功率 $P_s$**。

$$\text{單位剩餘功率（Sepcific Excess Power）} P_s = \frac{excess\ power}{W} = \frac{dh}{dt} + \frac{v}{g}\frac{dv}{dt}$$

將每單位重量的力學能（$H_e$，細線）、每單位重量的剩餘功率（$P_s$，粗線）重疊繪製在高度—馬赫圖上。在剩餘功率大於零的區域（即 $P_s$ 0 所包住的範圍）內的「高度—速度」，都是飛機的性能足以達到的。

想要在最短的時間內飛到最大的高度，飛機飛行的方式就要對應 $P_s$ 的最大值路徑走，也就是圖中那條從 A—B—C……到 I 點的線。

這樣的圖可以看出一架飛機在特定載重和特定的負載係數下，發動機最大推力時的最大飛行性能。

▶幻象戰機進行空戰機動。Photo：Jepuo Tsai

▶急速鑽升中的 F-16。Photo：Jepuo Tsai

# 航程與續航力

▶副油箱是可拋棄式的，它可增加戰機的航程與續航力。Photo：Jepuo Tsai

**航程是飛機能飛行的最遠距離，續航力是飛機最長的滯空時間。**

值得注意的是，往復式螺旋槳引擎與噴射引擎由於輸出功的形式不同，因此油耗及航程、續航力計算方式並不同。由於本書重點是使用噴射引擎的戰鬥機，因此不會詳細敘述往復式螺旋槳引擎的航程與續航力計算方式，但仍會簡述差異所在。

## （一）油耗

由於輸出功的形式不同，往復式引擎（輸出軸功）與噴射引擎（單位時間內賦予氣體動能）的油耗計算方式並不相同。

對往復式引擎螺旋槳飛機來說，它的油耗 $c$ 是以「每單位功率每單位時間所消耗的燃油重量」（Specific Fuel Consumption，$SFC$）來計算：

$$SFC = \frac{lb\ of\ fuel}{(bhp)(h)} = c$$

$bhp$ 為制動馬力（shaft brake horsepower），也就是螺旋槳實際輸出馬力，$h$ 為時間，單位是秒。

對噴射引擎來說，它的油耗是以「每單位推力每單位時間所消耗的燃油重量」（$TSFC$，Thrust Specific Fuel Consumption）來計算：

$$TSFC = \frac{lb\ of\ fuel}{(lb\ of\ thrust)(h)} = C_t$$

## （二）重量的變化對航程與續航力的影響

接著，我們定義以下三種重量：

· $W_0$ 飛機全重（含燃油與載重）
· $W_f$ 燃油重量
· $W_1$ 不含燃油的飛機重量　$W_0 - W_f$

在這裡，我們對重量微分，便能得知：

$$dW_f = dW = -cPdt$$

$$dt = -\frac{dW}{cP}$$

$$Vdt = -\frac{VdW}{cP}$$

故續航力（單位：秒）為：

$$E = \int_{W_1}^{W_0} dt = \int_{W_1}^{W_0} \frac{1}{cP}\, dw$$

航程（單位：英呎或公尺）

$$R = \int_{W_1}^{W_0} Vdt = \int_{W_1}^{W_0} \frac{V}{cP}\, dw$$

▶在機身上加裝適型油箱的 F16。Photo：M. H. Liao

▶攜帶副油箱的 F-16。Photo：M.H.Liao

對噴射引擎來説：

$$dW = -C_t T_A dt$$

$$dt = \frac{-dW}{C_t T_A}$$

因此，航程為：

$$R = 2\sqrt{\frac{2}{\rho S}} \frac{1}{C_t} \frac{C_L^{\frac{1}{2}}}{C_D} (W_0^{1/2} - W_1^{1/2})。$$

$C_{D,0} = 3C_{D,i}$ 時，$C_L^{1/2}/C_D$ 有最大值。

續航力為：

$$E = \frac{1}{C_t} \frac{C_L}{C_D} ln \frac{W_0}{W_f}$$

$C_{D,0} = C_{D,i}$ 時，$C_L / C_D$ 有最大值。

對噴射機而言，藉由調整機翼的縫翼、襟翼，或調整飛機攻角，改變飛機氣動力的姿態，飛在第 162 頁的 TV 圖中的最小所需推力點（即最高 $C_L/C_D$ 的點），會有最大續航力；飛在最高 $C_L^{1/2}/C_D$ 的點（從原點出發的直線切於 TV 圖形的點），則會有最大航程。

除此之外，飛機的航程和續航力還受到耗油率、重量等非氣動力外型相關因素影響。

戰鬥機的設計首重能夠靈活機動飛行，其氣動力外型和發動機都不是以省油、增加航程與續航力為首要考量，再加上機身內部空間有限且珍貴，攜帶的燃油只求夠用，因此戰機的航程和續航力都不如我們熟悉的民航機那麼強。

戰機由於飛行速度快，所以普遍來說航程表現都還不錯，但續航力方面，以輕型戰機來說，在外掛副油箱的情況下仍只有 2 小時左右（不外掛副油箱則可能只剩 1 小時上下）。重型戰機則可以在空中滯留 3-4 個小時甚至更長（這要看飛機的掛載情形、承擔的負重）。相形之下，民航機一次飛行時間至少 5、6 小時沒問題，更可長達 12 小時以上，續航力強很多。

▶ 像 F-15E、Su-30 這種重型戰鬥轟炸機，它們的航程與載彈量都遠勝輕型戰機，對地、對海攻擊能力都非常強 。Photo：Desmond Chua

## （三）增加戰機航程與續航力的方式

要增加戰機的續航力，便可使用副油箱，也就是外掛通常是 1～3 個可拋棄式的油箱。副油箱可在用完時或發生空戰時拋棄（以降低阻力），但承平時期在演訓時都不會這樣拋棄，以節省部隊後勤成本。

除了加帶副油箱之外，使用空中加油機在空中對戰機加油也是另一種提升戰機航程或滯空時間的常見方法。本書第七章有相關介紹。

# 五

# 起飛與降落

▶滑跑中的歐洲颱風戰機。Photo：Jim Russell

　　人類進入航空時代的一百多年來，飛機愈飛愈高、愈快、愈遠、愈靈活，然而，卻有一項制約飛機使用的因素，始終難以克服——那就是飛機起降需要跑道（垂直起降戰機是少數例外，等等會敘述原理）。

　　為什麼呢？我們知道，飛機的升力必須大於重力，它才會往上飛；對於停在地面上欲起飛的飛機而言，要獲得升力只能依靠升力係數、翼面積與動壓（詳見第一章），然而在地面，飛機無法調整攻角增加升力

係數，只能靠縫翼和襟翼增加一些，無法起到決定性的作用；同時翼面積基本上是固定的，動壓之中的空氣密度和機場的海拔高度有關，也無法改變，所以可調控的就只剩下速度。此外，速度加快，可以成平方倍增加動壓，也就是成平方倍增加升力；一定大小的動壓也可以讓舵面去改變飛機的姿態、增加攻角，進而獲得更多升力等——不過這一切的前提都是飛機要在地面上獲得速度，也就是說，飛機必須要有一條專供滑跑的跑道，以供起飛前加速，才能夠順利起飛。

一架飛機起飛的距離和飛機的起飛重量、飛機的氣動力外型（機翼面積、全機的升力係數和阻力係數）、機場的空氣密度、發動機起飛時的推力（比如說海平面、靜止時的最大推力）、機輪和跑道的摩擦力等因素有關。

▶地面軍用機場跑道多在 2.5 ～ 3 公里之間。Photo：M.H.Liao

至於飛機的降落，飛行員會藉由速度和升力係數的調控（調整飛機攻角、襟翼、縫翼），不斷調整飛機升力的大小，讓飛機的升力逐漸下降。當升力小於重力時，飛機的高度就會降低，但是飛機下降太快可能會變成「砸」到地面上，所以說這個過程就必須盡可能徐緩，升力也就沒辦法一下子就下降很多；況且在還未抵達跑道前的進場階段，飛機即便飛得很低、很慢，有一定的下降率，卻也還是在飛行，升力和速度仍得維持住。

所以，降落時的飛機，通常都有一定的速度，戰機的進場速度大約落在 250 ～ 300km/hr，也就無可避免需要一段跑道來「煞車」了。

一架飛機的降落距離和主起落架的煞車系統、飛機的降落重量、飛機的氣動力外型（影響著進場速度的高低）、機輪和跑道的摩擦力、減速傘的使用、機場的空氣密度等因素有關。

## （一）航空母艦的起降

在比較特殊的操作環境下，飛機會有起降條件的特殊需求，比如航空母艦的艦載機、短距 / 垂直起降戰機等。

航空母艦的艦載機通常使用彈射器（蒸汽彈射或電磁彈射）幫助飛機在相對較短的距離內就建立起較快的速度，或是利用滑跳起飛的方式（有點像將飛機往斜上方拋出）縮短戰機起飛所需的滑跑距離。至於落地，則都採取阻攔索勾住飛機尾部捕捉鉤的方式讓艦載機著艦。距離很短的航空母艦飛行甲板給艦載機的起降帶來很大挑戰。

另外，航空母艦若遇到較差的海況，整艘船艦都會隨海浪上下起伏、縱搖，增加艦載機降落的難度。

▶ F-18 釋放捕捉鈎。Photo：M.H.Liao

▶航空母艦是強大的海空力量投射平台，它不僅僅只是一艘能起降戰機的船艦，更是一座能移動的海上機場，是能隨時在全球幾乎所有地方展開部署的移動型軍事基地。大型艦隊在遠離國境的大洋之外較強的自持力（自我支持能力），搭配數量眾多的作戰半徑大、速度快、突防能力強的戰鬥攻擊機，是航空母艦戰鬥群有極強進攻能力的根本原因。它是一國政治與軍事力量的延伸。Photo： Desmond Chua

**垂直起降戰機**之所以能垂直起降，是因為它在起降階段並非靠主翼提供升力，而是把發動機輸出的推力向下偏轉，直接變成升力，支持飛機起降。這樣的作法聽起來簡單，但這種設計也會面臨到幾個新的問題：

　　第一，要能直接「撐起整架飛機的重量」的發動機，推力必須非常大，然而推力愈大的發動機會愈重且耗油，因此要帶更多油，結果又變更重，造成惡性循環。

　　第二，在起降階段，發動機推力或許可以支撐著飛機，但穩定與控制卻是一大難題。

　　第三，垂直起降戰機有很多設備專門用於垂直起降，等飛機進入飛行狀態、甚至開始空戰時，就變成了毫無意義的多餘重量，只會拖累飛機的飛行性能造成負擔。

　　目前較成功的垂直 / 短距起降戰機有 **AV-8B** 和 **F-35B** 兩種，它們一定程度克服了以上三大難題。就拿 F-35B 來舉例，它配備的 F135-PW-600 具有很大推力，但自身重量相對不會太重，具有較高的推重比，避免進入了前面提到的惡性循環；與 F-135-PW-600 搭配的「3 軸旋轉式尾管噴嘴」（3-Bearing Swivel Duct Nozzle）能將發動機噴嘴的氣流向下偏折、位在座艙後方的舉升風扇能在機身前半部提供升力、位於左右兩翼下的滾轉姿態調整吹氣口能在飛機垂直起降或懸停時穩住機身，再配上更自動化的控制系統，解決了垂直起降階段穩定與控制的問題。

　　不過無可避免的，垂直起降相關設備還是讓 F-35B 付出了一些代

價，做為一型超音速垂直起降戰機，F-35B 可說非常成功，但如果我們拿它與 F-35A 對比，就可看出 F-35B 的航程、載彈量、機動性都犧牲了不少，尤其當 F-35B 是使用垂直起飛模式時，其飛行性能的減損更為明顯。

▶垂直起降中的 F-35B。Photo：M.H.Liao

# CHAPTER 06

# 航空電子系統

▶ F-CK-1 戰機配備 GD-53 脈衝督卜勒雷達。Photo：Jepuo Tsai

完成整架飛機的設計之後，為了讓飛機執行我們賦予它的任務，它會重度依靠電子系統的幫忙。最基礎的電子系統包含通訊設備和導航設備，讓飛行員在天空中能夠與外界通訊，並知道自己的位置而不至於迷航。

# 整體航電架構

航空電子系統（avionics）是個統稱。飛機上有許多不同功能的電腦或電子裝備，它們各有專精、各司其職，但又被整合在同一個架構裡面，彼此間互相協調以維繫整架飛機的運行。最重要的幾種航電系統大致有：

· 飛行控制電腦
· 各種任務電腦
· 多工匯流排整合架構
· 通訊系統
· 導航系統
· 識別系統
· 大氣數據系統
· 雷達
· 座艙電子系統等
· 電子戰裝備：軍機特有

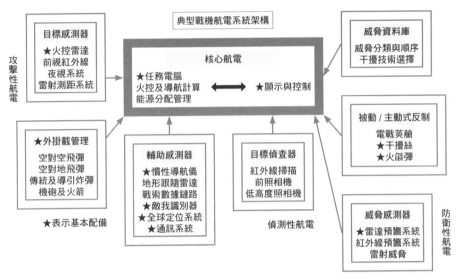

▶航電架構圖。

▶飛機上各種屬於航電架構的天線，圖中有 IFF 敵我識別系統（Identification Friend or Foe），TACAN 戰術空中導航系統（Tactical Air Navigation），UHF 超高頻天線（Ultra High Frequency），VHF 甚高頻天線（Very High Frequency），RWR 雷達警告接收機天線（Radar Warning Receiver）。Photo：Desmond Chua

以下將針對重要的航電系統作簡介。

- 飛行控制電腦：負責控制飛機，如第四章「穩定與控制」所述，在此不再贅述。

- 通訊系統（communication system）：也是一項非常基本的裝備，可以藉由不同頻率的無線電波（如 VHF、UHF 波段等）聯繫不同載台（搭載通訊系統的飛機或船艦等），如空中的其他飛機、海上我方船艦或地面塔台。民航機要和地面站取得聯繫，以獲取最新的空中交通、目的地天氣、可用的機場跑道等資訊；對軍機來說，聯繫僚機、空中預警指揮機、空中加油機、地面指揮所、船艦等平台更是至關重要。

- 導航系統（navigation system）與導引系統：第三項不可或缺的裝備，可以幫助飛機在飛行時知道自己的位置，並能朝著目的地飛行，而不至於迷航。有三種導航系統較為常見：**慣性導航、電波導航、衛星定位**。

  ◦ **慣性導航**：主要是藉由陀螺儀和加速儀，不斷在三個軸向上測量自己的姿態和加速度，再對時間積分，推算出自己的速度與位置。這種導航方式不需接收外來訊號，也較不易受干擾，但隨著時間增加，該系統帶來的誤差也會愈來愈大。

  ◦ **電波導航**：藉由與塔台的電波往返，依據不同的電波導航規範，得知飛機與塔台的相對方位或距離或位置。例如民用的 VOR（測方向）／ DME（測距離）和進場（即降落）時用的 ILS。VOR ／ DME 的軍用版本是 TACAN。

  ◦ **衛星導航**：接收來自外太空的衛星訊號（通常需要四顆衛星），藉由獲知自身飛機與每顆衛星分別的距離，來推算出自身的位置。現在的衛星導航有美國 GPS、俄羅斯 GLONASS、歐盟 GALILEO、中國大陸的北斗系統。

- **導引**（guidance）：與導航不一樣，導引是我要怎麼走到目的地，要走 A 路線、B 路線還是 C 路線；導航則是搞清楚我的位置、高度、速度。在此簡介以避免讀者混淆。
- 識別系統（identification system）：讓飛機在空中識別彼此。飛機上的詢問機發射電波，接收到電波的飛機就會自動發出回報電波，幫助詢問的飛機了解到自己的身分。對於軍機來説，妥善可靠的敵我識別器非常重要。
- 大氣數據系統（air data system）：感測飛機的全壓、靜壓、全溫，進而推算出飛機速度和高度等一系列資料。
- 雷達（radar）：飛機的主要探測手段。民航機裝載氣象雷達，軍機則裝載作戰用雷達。底下將針對軍機的雷達進行詳細敍述。
- 座艙電子系統：匯集整理飛行與任務相關資訊後呈現給飛行員。

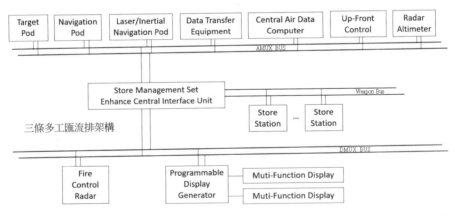

▶第四代戰鬥機上的航空電子系統以此圖所示的架構整合。圖中的線代表資料傳輸的路徑，上排有標定莢艙、導航莢艙、資料轉移裝備、中央大氣資料電腦、雷達高度計等；中排為管理掛載武器相關；下排包含火控雷達、座艙顯示器等。匯流排將各種不同用途的航電系統整合在一起。

# 雷達

雷達（RADAR），是英文 Radio Detection and Ranging 的縮寫，也就是「無線電探測與定距」；雷達波跟可見光、手機訊號一樣，本質上就是電磁波。只不過電磁波的波段範圍極廣，不同的波段會有不同的用途，有的波段適合通訊（從電視遙控器到 GPS 訊號，都算通訊系統），而某些波段的電磁波特別適合拿來偵測空中（或地面、海面）目標。

雷達的構造有天線、後端處理器等，各個部件的好壞都會影響雷達最後的性能。以 F-16C 所使用的 AN/APG-68（V）9 脈衝都卜勒雷達為例，其主要由四個模塊化單元組成：「平板陣列天線」、「模塊化低功率射頻單元」、「雙模發射機」、「可編程信號處理器」。

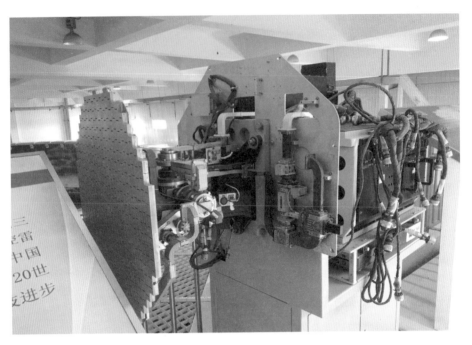

▶中國大陸自製的機械掃描式脈衝督卜勒雷達 。Photo：作者

## （一）雷達的頻率

哪些波段的電磁波適合拿來探測空中目標呢？這和它在大氣環境中能量衰減的情形、要探測的目標尺寸量級等因素都有關。對於一般戰機尺寸大小的目標來說，頻率 8.0-12.0GHz、波長數公分級的 X 波段電磁波最能精確掃描、追蹤、鎖定敵方戰鬥機，所以一般的戰鬥機搭載的雷達都使用 X 波段。理所當然的，大部分匿蹤戰機的匿蹤外型也是對 X 波段做最佳化匿蹤設計，這部分會在下一節「匿蹤」部分再做説明。

為了提高探測距離，空中早期預警指揮機（或地面防空雷達）也會搭配使用波長比 X 波段更長的 L 或 S 波段的雷達，例如 E-3 預警機使用頻率約為 3GHz 的預警雷達，在很遠的距離就能探測到目標、監視更廣的空域。

## （二）雷達的原理

▶雷達等航電升級後的中國大陸殲 10B 戰機，其後又衍伸更先進的殲 10C。

Photo：Jepuo Tsai

我們常聽到雷達波「反射」、「繞射」等概念，但雷達波、電磁波的本質是電場與磁場的震動，跟我們日常看到的水波等並不一樣，那些類比水波的反射等概念都只是幫助一般人理解的說明方式。事實上，它不會像球一樣「撞」到某個物體以後「反彈」，電磁波傳遞到導體時，會在該導體上以同樣的頻率產生**微小電流和磁場變化**，而導體中的電流和磁場變化會再造成電磁波擴散出去，這就是所謂的**雷達回波**。

## 脈衝雷達

最早期的脈衝雷達是收發電磁波（以下稱為雷達波），並藉由測量雷達波發出去與收回來的時間差來推算目標與我機的距離。然而，當敵方戰機低空貼地飛行，我機的雷達需要向地面照射時，整個地面都會產生雷達回波，造成早期雷達只能對前方或上方探測，無法對下方探測。

## 脈衝督卜勒雷達

後來，使用督卜勒原理的脈衝督卜勒雷達（Pulse Doppler Radar）出現了。雷達利用督卜勒效應，藉由感受任何與我方飛機有相對移動的飛行物體所造成的接收波頻率位移來探測目標。而這對地面目標一樣有效——因為地表是不會移動的，只有低空飛行的飛機會移動，而移動的飛機，就能利用這個原理被探測出來。當然，我機也在飛行，所以雷達的訊號處理系統會把靜止物體對我機所造成的頻率位移濾掉

## 對抗脈衝督卜勒雷達的空戰戰術

不過這也衍生出一個空戰戰術：只要敵機刻意將其飛行方向調整成與我機飛行方向大致呈直角，敵機與我機的「徑向距離變化率」（敵機與我機飛行方向的水平距離變化）就只取決於我機的「飛行速度」，因此敵機就會被我機的雷達當成靜止的空中物體（例如雲朵）而濾掉。例

如，當我機在筆直方向上向前飛時，敵機會在我機前方處水平向左或水平向右飛，以躲避我機的追蹤鎖定。

## 機械掃描式雷達

第四代戰鬥機的雷達都以機械掃描式雷達（Mechanically Scanned Array Radar）居多。機械掃描式雷達會使用脈衝波，藉由都卜勒效應偵蒐在天空中飛行的物體，並利用機械結構來轉動雷達的天線、改變其掃描的方向。四代半和五代戰機已經開始裝備**相位陣列雷達**。

## 相位陣列雷達

相位陣列雷達（Phased Array Radar）可以透過移相器，讓天線上每個發射單元所發出的雷達波產生相位上的差異，並利用干涉原理疊加後改變整體雷達波波前的方向，來達到改變雷達波搜索方向的效果，這遠比傳統使用機械結構改變天線指向的掃描方式更快更敏捷。

相位陣列雷達分兩種：

· PESA 被動式相位陣列雷達（Passive Electronically Scanned Array Radar），發射機與接收機跟傳統雷達一樣在後端，天線只負責讓信號通過並形成波束。因為天線並不提供功率放大，相當於電子設備上的「被動元件」，因此稱為被動相位陣列天線。

· AESA 主動式相位陣列雷達（Active Electronically Scanned Array Radar）：其相當於將 PESA 後端統一的發射與接收放大器改成大量的 T/R 模組（Transmit/Receive Modules，收發模組），分散在天線的每一個發射單元上。由於在發射與接收時進行功率放大，相當於電子設備中的主動元件，所以叫做「主動陣列天線」。這一簡單的變化造成的迴路變動，與固態科技製造的 T/R 元件性質，使 AESA 可輕易獲

得更大的頻率範圍、更快的波束變化、更長的壽命、更好的能量效率、以及更多特殊工作模式，如兼任通信與電戰天線、將整面天線拆成若干個獨立小天線等。

## （三）雷達的操作模式與探測距離

　　雷達的操作模式非常多種，有對空、對海、對地等，基本的幾種模式有：

· **搜索**（Air-to-air Search）：搜索是在廣大空域發現目標，只需要做到「發現目標的存在」即可，這也是我們常說的雷達最大探測距離所指的模式。

· **追蹤**（Air-to-air Tracking）：追蹤模式要求雷達能夠不斷追蹤特定一個或多個目標的位置、高度、速度、方向等，不斷更新那些目標的相關運動參數，相較於搜索模式只需發現目標的存在，追蹤模式要求雷達對目標有更即時準確的掌握。

· **追蹤暨掃描**（Air-to-air Track-While-Scan）：追蹤暨掃描是指雷達必須在保持追蹤幾個目標的同時，持續掃描空域看看有沒有新目標的出現。這是很常用的模式。

· **地圖繪製**（Ground Mapping）：這是一種對地掃描模式。雷達對地俯視，把掃描到的資訊整理成三維的地面地形圖，以輔助接下來的低空飛行、偵查、對地攻擊等任務。

· **連續波照明**（Continuous Wave Illumination）：這是戰機在「準備發射雷達導引飛彈」到「飛彈擊中目標」期間所使用的「雷達鎖定」模式。在這種工作狀態下，雷達會密集的發射高能量雷達波，以極快的頻率即時更新敵機的位置、高度、速度等飛行參數，提供給飛彈作為

射控導引（因此更新率和精確度都會比前面提到的追蹤模式還要強大許多），再將這些參數傳輸至戰機上的電腦，戰機再引導飛彈攻擊敵機。當我機雷達開啟這種工作模式，就相當於將敵機放入準心之中、開始進入攻擊狀態；連續波照明的能量很強，一定會驚動到敵機的雷達警告接收器，敵機也會開始實行機動閃避、電子干擾等措施，試圖從我機的鎖定中解脫。

通常雷達對地（與對海）的探測、搜索距離會明顯小於對空探測的距離，因為地面、海面會有背景雜波需要濾除。這裡也一同附上雷達探測距離關係式：

$$R_{Max} \propto \sqrt[4]{\frac{P_t G^2 \lambda^2 \sigma}{(4\pi)^3 P_{min}}}$$

其中，$R_{MAX}$ 為最大探測距離，$P_t$ 為輸送功率，$G$ 為天線增益，　為輸送波長，　為目標的雷達截面積大小，$P_{min}$ 為最小可探測訊號

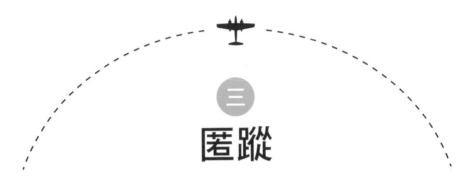

▶ F-22 是世界上第一架第五代戰機。Photo：Desmond Chua

**匿蹤設計**（stealth design），更標準的説法應該是「**低可探測性**」（low observability）設計，是讓戰鬥機難以被探測到的技術。

這裡我們探討的匿蹤設計主要是針對電磁波，針對熱源的低可探測性設計在本節最後討論。

影響一架戰機匿蹤效果的因素有**外型設計、匿蹤塗層與機體材料**，其中，外形的設計是最重要的。

## （一）匿蹤設計的原理

要達到匿蹤（也就是低可探測性）的效果，最基本的想法就是：當敵機雷達發射機向我機方向發出雷達波時，我機盡量不要讓雷達回波返回到敵方雷達的接收機。

要達到這項目的，方法不外乎兩種：

第一，**直接把傳來的雷達波吸收掉，或使其能量大幅衰減**，這就是匿蹤塗層的任務。機體材料也有影響，電磁波照射到複合各種材料的表面時，回波會比照到金屬材料更弱。不過雷達波當然不可能被完全吸收，所以就必須有第二種方法。

第二，**把雷達波偏折掉**，讓從各個方向來的雷達波都被集中反射到幾個不重要的方向，只要原本發出雷達波的敵方雷達收不到回波訊號就行。

不過，雷達波固然可以被最大化吸收、偏折，但還是會有少部份的雷達波照原路返回敵機雷達。通常情況下，返回去的雷達波能量極小，會被判定成雜訊直接濾掉，畢竟雷達系統的接收端本來就會收到很多低能量的雜訊。然而當敵機離我機愈來愈近，或其特別針對我機方向開大功率探測時，回波訊號可能就會強到足以發現我機。這也是「匿蹤」更標準的說法是「低可探測性」而非完全隱形的原因。

在實戰條件下，若我機是匿蹤戰機、敵機是非匿蹤戰機，它在接近到離我機足夠近（能探測到我機）的距離之前，早就被發現並承受好幾波飛彈攻擊了。

▶ F-35 的先進航電為其帶來強大的態勢感知能力，使其得以實現聯合接戰、組團出擊。
Photo：Desmond Chua

## （二）外型特徵

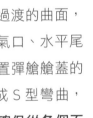

匿蹤戰機的**外型充滿稜角**，不像普通飛機那樣有平滑過渡的曲面，反而更像許多不同角度的多面體組合，其機鼻、機翼、進氣口、水平尾翼、垂直尾翼的傾斜角，和發動機噴嘴、起落架艙蓋、內置彈艙艙蓋的鋸齒型狀，都是經過仔細計算的，就連進氣道都要設計成 S 型彎曲，以避免雷達波直接照射到發動機風扇。這些措施都是為了**確保從各個不同方向照射來的雷達波都能盡量被反射到遠離敵方雷達的方向**，一般來說，會集中往四個斜向偏折（前左、前右、後左、後右）。

事實上，雷達波從不同方向照射戰機時，所獲得的雷達反射強度，或說**雷達反射截面積 RCS 值**（Radar Cross Section）是不同的。考慮到

空戰常常是我機與敵機面對面飛行，大多數的戰鬥機都把前向雷達反射截面做最小化處理。歐洲颱風戰機、陣風戰機、Su-35 等四代半戰機都已特別降低正面的 RCS 值，方法有減少機身凸起物、避免直角、使用複合材料製造機身，甚至於機體表面採用匿蹤塗料。

這些四代半非匿蹤戰機在經過一些低可探測性處理後，可以讓敵方雷達反射回波強度降低一些，可能原本敵方在 200 公里就能發現我機，現在要接近到 100 公里才能發現，這或多或少還是有幫助的。除此之外，被飛彈鎖定時，逃脫的機會、電子干擾或誘餌欺騙的成功率也會高一些。

而 F-22、F-35、Su-57、殲 20 這種五代戰機更追求全向匿蹤——當然，這也要付出更高昂的價格。

▶ F-35 的匿蹤外型充滿稜角。Photo：作者

▶ F-35B 底部的匿蹤設計。Photo：Desmond Chua

▶殲 20 是中國大陸的新一代匿蹤戰機。Photo：Jepuo Tsai

## （三）紅外線探測與相對降低熱源訊號的方式

匿蹤戰機是針對雷達波匿蹤，那有沒有辦法使用雷達波以外的方式探測空中的敵機呢？有，那就是利用**熱源產生的紅外線**。

在溫度通常低於零度的高空中，飛機機身與空氣摩擦所造成的熱，或發動機噴嘴及其排出的廢氣，都是很明顯的熱源，會產生特定波長的紅外線。比較新的戰機都配備有**紅外線搜尋及跟蹤裝置 IRST**（Infrared Search and Track），這個裝置就是用來探測熱源的，除了針對空中目標，也有針對地面打擊輔助使用。

然而，相較於雷達，IRST 系統的探測距離較短、易受天氣影響。天氣不好時，積雨雲等較厚的雲容易遮擋遠方敵機的熱源，使得我機 IRST 較難探測到敵機。另外，IRST 的定位能力不如雷達，通常只能用於掃描、追蹤，無法進行鎖定，況且在我機與敵機面對面飛行的情況下，敵機表面的熱源不像噴嘴的熱源那麼明顯，因此探測距離還會下降。

不過它也有其優勢，如它是被動掃描，因此不會主動發出訊號，所以可以默默追蹤敵機而不被察覺。

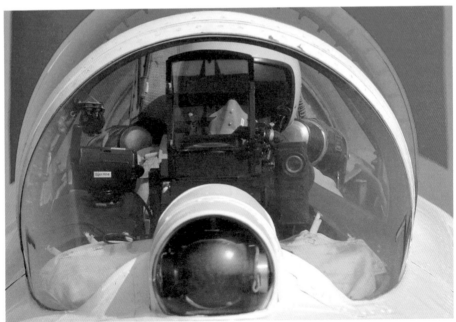

▶ Su-27 系列飛機都配備有 IRST，座艙蓋前方圓形凸起物是它的感測器。

Photo：Jepuo Tsai

▶殲20，從另一角度看它的匿蹤設計。Photo：Jepuo Tsai

▶從尾端看 F-22 的匿蹤設計。Photo：Desmond Chua

四

# 防禦系統：
# 警告與應對方式

▶歐洲颱風戰機有全面、完整的 DASS 綜合來襲飛彈來襲防禦系統（Defensive Aid Sub-System），包含各種感測器、誘餌施放器。Photo：Jim Russell

　　常見的警告器包含雷達警告器、熱影像警告器、紫外線警告器。

　　當敵方用雷達波照射到我機時，我機的**雷達警告接收器**會感受到自己被電磁波照射，同時警告飛行員已經受到敵方的跟蹤；如果敵方戰機準備攻擊我機，或已經發射飛彈、開始攻擊，敵方的雷達就會進入鎖定模式，其發射的雷達波就會變成連續波照明，此刻我機的警告器會大響，飛行員必須立刻決定要同時**向敵方開火或是加速逃離**。

如果已經無法飛出敵飛彈射程之外，那就要執行**閃避機動、進行電子干擾、施放誘餌**等措施。誘餌有針對雷達導引飛彈的干擾鉑條（decoy）與針對紅外線飛彈的熱焰彈（flare）等。

　　不過在空戰時，被鎖定的戰機如果雷達警告器過於老舊，或攻擊一方的戰機雷達有**特殊工作模式**，如 LPI 模式（Low-Probability-of-Intercept）可降低雷達波的功率並延長探測時間，使敵機不易察覺到已被照射；或攻擊方藉由 IRST、預警機、僚機提供的資料實施靜默攻擊，則被攻擊的飛機可能完全會沒有接到警告就被攻擊，甚至被擊落。

　　先進一點的戰鬥機不僅有最基本的雷達警告接收器，還有**多重防禦措施**，如擴增雷達警告接收器能識別的敵方雷達波段種類、自動對周圍實施電子干擾以預防來襲飛彈、安裝小型雷達主動偵測來襲飛彈、雷射警告器應對敵機的雷射測距、全自動發射誘餌彈、更先進的拖曳式誘餌（如歐洲颱風戰機裝備的 Ariel Towed Radar Decoys，F/A-18E/F 裝備的 AN/ALE-50 Towed Decoy System）等。

▶ F-CK-1 拋出熱焰彈。Photo：Jepuo Tsai

# 五

# 電子戰

▶ ASTAC 電子偵查莢艙。Photo：Jepuo Tsai

　　電子戰是個廣泛的統稱，其中**電子反制措施**（ECM，Electronic Counter Measure）和**電子反反制措施**（ECCM，Electronic Counter-Countermeasure）等，就是電子干擾與反電子干擾之間「道高一尺、魔高一丈」的爭鬥。

　　前述面對來襲飛彈時施放誘餌的動作可算是一種電子反制；而日新月異的飛彈愈來愈能判明誘餌與目標飛機之間的區別（如誘餌的飛行速

度會在拋射後快速下降，真正的目標飛機不會），這正是典型的電子反反制措施。

不過下面要講的主要是電子戰中**電子干擾**的部分。

電子干擾可以是針對敵機也可以是針對來襲飛彈，甚至是敵方防空系統，其大致分為**電子欺騙**和**電子壓制**。

## （一）電子欺騙

電子欺騙是製造假訊號欺騙敵方雷達，隱藏自身的真實位置，常見的方式有：

· RGPO（Range Gate Pull-Off）是敵方刻意向我方雷達發送數個和自身雷達回波相近的訊號，但在時間上逐漸有所延遲，試圖讓我方把敵方刻意製造的假訊號誤以為是敵方真實的雷達反射訊號，並因此錯估敵機與它的實際距離。但這種方法無法用於欺騙利用頻率感知距離變化的督卜勒雷達。

· VGPO（Velocity Gate Pull-Off）是敵方向我方雷達發射數個和自身雷達回波頻率相近的訊號，但在頻率上逐漸有所偏移，試圖欺騙我方雷達，讓我方雷達誤以為敵方刻意製造的假訊號是敵機真正的雷達反射回波，進而使其去專注追蹤那實際上根本不存在的虛假目標。

對於脈衝督卜勒雷達，敵方製造的假訊號必須要在時間和頻率上都有所調整，才有可能欺騙成功。

除了以上兩種，還有角度欺騙，是在已知敵方雷達掃描空域的掃瞄速度之下進行。

這兩種欺騙手段也有反制措施，比如説我方可以直接改變雷達工作的頻段，類似「某個頻道的廣播被干擾了，那就馬上切到另一個頻道繼續收聽」；或我方可以接近敵機到一定程度，使得我機在探測敵機時，

由於距離很近，我機發出的雷達波碰到敵機後，反彈的回波訊號很強，反倒是敵機已經逐漸無法製造能量那麼強的假訊號，如此一來，我機就更容易判別訊號的真假，不會被騙了。

## （二）電子壓制

電子壓制則是直接在敵方雷達工作的頻段，或在非常廣的頻段發出大量訊號干擾，藉以淹沒敵方雷達接收機，使其無法判別出何者為我機的真實雷達反射訊號。

電子壓制可以由一般戰機攜帶**電子戰莢艙**執行（部分戰機有內建電子干擾機，但通常功能較少，只針對飛彈，僅供自衛使用），或由專業的**電子干擾機**執行（如 EA-18G、殲 16D）。通常一個機群出擊，只需一架戰機攜帶電子干擾莢艙，或一架專業的電子干擾機伴隨掩護即可。

電子干擾開啟時，或許被干擾的一方的雷達還能持續運作，但效能多少會受到影響（例如探測距離變短）。在實戰中，若雙方皆互相實施電子干擾，則有可能使雙方的雷達有效探測距離都變短，可說是「一起變近視眼」。因此，當非匿蹤戰機和匿蹤戰機對決時，若非匿蹤戰機能成功電子壓制對方，則很可能使雙方最後能互相威脅彼此的距離相等，甚至進入近距離纏鬥，要贏得空戰也就不無可能。

六

# 其他航電和
# 各種輔助設備

▶除了前面提過的各個主系統，還需要很多的次系統來保障飛機的運行。

Photo：Jepuo Tsai

飛機上其他的航電系統，或輔助飛機運行的設備有：

· 輔助動力系統（APU，Auxiliary Power Unit）：主要是一個很小型的引擎。大多數的飛機都有 APU，尤其是大型客機，但戰機則不一定。

· 環境控制系統：維持人員艙內的氣壓、氣溫。

· 氧氣系統

· 燃油供給系統

- 結冰與雨水防護
- 消防系統
- 電力系統
- 駕駛艙儀表（Basic T）：包含空速表、水平儀、高度計、航向指示計。詳細說明參見下圖。
- 抬頭顯示器（HUD，Head Up Display）
- 頭盔
- 駕駛桿
- 節流閥（油門）
- 踏板
- 抗 G 力飛行服
- 彈射座椅
- 各種任務莢艙等

▶傳統的座艙儀錶，上方中央藍色上半部者是水平儀，其左邊是空速表，右邊是高度計，下面是方向指示計，這四枚重要儀表在飛機上都會呈現如此 T 字排列，故合稱為「Basic T」。
Photo：洪翌瑄

▶由大塊螢幕取代傳統儀表的座艙，稱為玻璃化座艙；至於操縱桿，四代戰機大多已有更先進的頭盔和 HOTAS（Hands On Throttle And Stick）設計，能讓飛行員一邊開飛機一邊空戰，不用像過往的戰機駕駛員還要手要離開駕駛桿去按很多按鍵、執行繁瑣的步驟才能發射飛彈。有些戰機的操縱桿置於右側，有些的則置於中間。
Photo：Desmond Chua

▶ F-16BM 攜帶 AN/AAQ-33 目標標定莢艙。Photo：M.H.Liao

# CHAPTER 07

# 飛彈、預警機
# 與加油機

▶ F-15E 本身有很強的
航程與載彈量，是一款
很成功的戰鬥轟炸機。
Photo：Desmond Chua

戰機要發揮戰力，除了自身要有強大性能，也需要有許多周邊的輔助。我們在此介紹戰機的攻擊武器「飛彈」，以及輔助戰機作戰的「預警機及加油機」。

# 一
# 飛彈

飛彈有許多種類，可以依照搭載的載台、射擊的攻擊目標等分類。

以戰機會搭載的空射飛彈來說，有用於空戰的**空對空飛彈**（air-to-air missile，分短程和中遠程），有用於對敵方軍事目標、機場、港口、指揮所、交通樞紐進行攻擊的**空對地飛彈**（air-to-surface missile）、**巡弋飛彈**（cruise missile）、**反輻射飛彈**（anti-radiation missile，攻擊敵方雷達站），也有用於攻擊水面艦船的**反艦飛彈**（anti-ship missile）。

而從地面發射、用來擊落空中目標的飛彈叫做**防空飛彈**或**地對空飛彈**，在軍艦上使用的則稱為**艦對空飛彈**（英文通稱為 surface-to-air missile）。

不管是哪種飛彈，整個飛彈上最關鍵的部件，就是**導控段**（導引、導航、控制組件），更精確地說，就是導引組件。

不過，為了理解上的簡易性，將以**發動機、彈體、導控系統**這樣的順序，來說明飛彈的動力系統、氣動力外型，與導航飛行並發現鎖定目標的方式。

▶中科院自製的飛彈，由左至右分別為海劍羚、天劍一、天劍二、萬劍飛彈。

Photo：Jepuo Tsai

▶機腹下掛載兩枚中科院自製的天劍二型主動雷達導引飛彈的 F-CK-1。

Photo：Jepuo Tsai

## （一）飛彈的發動機

　　飛彈的射程和速度很大程度取決於發動機的選擇。常見的飛彈發動機有**火箭發動機、沖壓發動機和渦輪發動機**等。

　　**火箭發動機**能把飛彈帶到一個極高的速度。這種發動機通常用於空對空飛彈和必須進行高速攔截的防空飛彈，以利於用高速與高機動性擊落敵機與來襲的飛彈。典型的例子有 AIM-120 系列空對空飛彈、愛國者系列防空飛彈。

　　然而，其燃料消耗迅速，一般來說較不適用於追求極長射程的飛彈（不然就要攜帶很多燃料，容易增加彈體體積與重量），當然，經過適切的配置，飛行速度極快時，就算飛行時間短，也能達到很遠的射程，法國製的「飛魚反艦飛彈」（Missile Exocet）乃一例，不過其射程就明顯小於用渦輪發動機的美國製 AGM-84 Harpoon「魚叉反艦飛彈」。

　　**沖壓發動機**適用於較長時間持續超音速飛行的飛彈，歐洲的流星中遠程空對空飛彈就是使用衝壓發動機，其強項為持續超音速飛行、高速突防（以極快的飛行速度進攻，使敵方來不及進行防禦攔截，進而突破敵方防線），但沖壓發動機進氣道較大，常導致彈體不易小型化。過大的彈體不利於降低雷達反射訊號，高熱的噴氣造成紅外線訊跡也很明顯，讓它更容易提前被敵方發現並展開攔截程序。

　　**渦輪發動機**提供的推力不如前二者，通常只能讓飛彈在高次音速飛行。不過其燃油經濟性相對較佳，能在飛彈小型化的同時也保證其有足夠的射程。而且渦輪發動機的排氣溫度是最低的，其彈體也較不會因為與空氣摩擦而產生高熱，有助於降低飛彈整體紅外線訊跡；另外，由於飛行速度不會達到數倍音速，飛彈的氣動力外型可以不那麼注重減低阻力，因此可能會加入一些匿蹤設計，配合上飛彈本來就有的小體積的特點，便能讓敵方用雷達或紅外線都更難發現。

大部分的巡弋飛彈和反艦飛彈都是使用這種發動機，例如 AGM-158 巡弋飛彈、萬劍飛彈、戰斧飛彈、魚叉反艦飛彈。

▶攜帶四枚 MICA 飛彈的幻象戰機。MICA（Missile d'Interception, de Combat et d'Autodéfense）是一種主動雷達導引中距空對空飛彈，也可攻擊距離很近的目標，使用上非常具彈性，且重量比同類型的飛彈輕很多。Photo：Jepuo Tsai

▶中程的 AIM-120 空對空飛彈（圖中較近，白色彈頭、灰色彈體者）和短程的 AIM-9（圖中較遠，整體而言較短、灰色彈體者）纏鬥飛彈 。Photo：作者

▶ AGM-84 空射式魚叉反艦飛彈（左）和 AGM-65 小牛空對地飛彈（右）。藍圈代表這是練習彈，橘圈或紅圈才是實彈；實彈的炸藥和火箭推進劑需要密切保護，通常不隨意拿出來戶外。Photo：Jepuo Tsai

▶ MICA 飛彈的彈翼有極低的展弦比 。Photo：作者

氣動力外型

　　飛彈的氣動力外型和其執行任務所需的飛行性能密切相關。

　　有的飛彈有明顯的**彈翼**，如萬劍飛彈、戰斧飛彈；然而大部分的飛彈都只有展弦比極低、面積極小的彈翼，而且主要是當控制面，**主要功用是調整飛彈的姿態與方向，而非產生升力。**

　　以速度比較慢（音速以下）的巡弋飛彈和長程攻陸 / 反艦飛彈來說，賦予它**較高展弦比的彈翼**其實也就是在**提高飛彈整體的升阻比**。這類飛彈為了省油、延長射程，在巡航階段選擇了慢於一般飛彈的飛行速度，因此一對類似於飛機機翼的彈翼就成為必要且極為合適的選擇。

　　飛彈也是飛行器，也需要升力。然而大部分的飛彈都以高次音速或超音速飛行，相對於普通飛機，它們的體積重量極小，飛行速度極快，根本不缺升力，甚至有部分飛彈可以由火箭發動機直接提供升力。反倒是為了減小震波阻力，彈翼展弦比被設計得很低、面積縮得很小。這方面典型例子就是防空飛彈和空對空飛彈，其中空對空飛彈的氣動力外型設計主要以空中機動性、格鬥性能為考量。

▶中科院自製的天弓三型防空飛彈。Photo：作者

## 飛彈尺寸

從飛彈尺寸的角度來説，小型化是個重要設計指標。飛彈愈大，阻力、重量通常也會愈大，為了保證射程和速度，就需要載更多的油或用更大更重的發動機，如此又會進一步使飛彈再變重再變大，陷入惡性循環。在保有同樣的射程、速度、毀傷效果等戰鬥指標的前提下，盡量把飛彈做得小型化、輕量化，不但在設計上會是個良性循環，還通常能降低造價，以及讓它適應更多發射平台。常見的發射平台有飛彈發射車、軍艦、潛艦、轟炸機、攻擊機、戰鬥機等。

## 飛行高度與射程

另外，飛行高度對飛彈的戰術運用也有很大影響。在低空飛行時，空氣密度大，能提供的升力會比較多，但阻力卻也非常大，尤其飛彈大多以高速飛行，這方面的影響更為明顯，因此壞處大於好處；而高空的空氣密度低，雖然能提供的升力比較小，但如前所述，飛行速度極快的飛彈根本不缺升力，反倒是較小的阻力對延長射程有非常大的幫助。

不過飛得高就意味著很早就會被敵方雷達探測到，飛得低（掠地／掠海飛行）能有效利用地球表面的圓曲率，延遲被敵方探測到的距離。

**飛彈的射程，就是我方對敵方的威懾範圍。**

▶天弓三型防空飛彈發射車 。Photo：作者

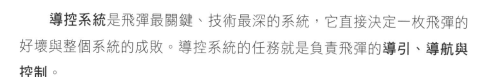

## （三）導控系統

**導控系統**是飛彈最關鍵、技術最深的系統，它直接決定一枚飛彈的好壞與整個系統的成敗。導控系統的任務就是負責飛彈的**導引、導航與控制**。

**攻陸／反艦飛彈**的導控系統會事先規劃好路徑和不同飛行階段的高度、速度，先進一點的飛彈還可以在途中針對敵方攔截系統實施繞道、閃躲等。

**空對空／防空飛彈**的導引頭要瞄準的是體積小、速度快且靈活飛行的敵方空中目標。

**反艦 / 攻陸 / 巡弋飛彈**的導引頭要瞄準的是在海面上緩慢移動且體積大的水面艦船，或在地面上靜止不動的建築物，這和空對空 / 防空飛彈有一定區別。此外，反艦 / 巡弋飛彈的彈體不用承受高 G 機動，但空對空 / 防空導彈需要。

　　**攻陸 / 巡弋飛彈**在射向目標的路途上，有多重制導方式在運作，比如說衛星導航、慣性導航、地形匹配、周遭景象識別、來自發射載台的資料鏈傳輸等等。

　　**空對空飛彈**通常短程的是採用被動紅外線導引頭，用來鎖定敵機引擎或機身表面的熱源，中長程的則是使用主動雷達導引頭，並配合我機透過資料鏈不斷更新敵機位置、高度、速度等資訊給飛行中的飛彈。

　　**防空飛彈**以主動雷達導引為主。

　　**反艦飛彈**有導航系統幫助其飛至目標海域，和主動雷達導引頭在末段接近時掃描鎖定敵艦。

　　最後，在飛行來到末段，飛彈接近目標、同時也進入敵方雷達視野後，飛彈會做最後的衝刺，壓縮敵方攔截系統反應時間，也增加擊中目標時飛彈的動能，達到更大的毀傷效果。

　　飛彈要能在最後命中目標，還必須躲過可能的惡劣天氣、敵方電子干擾、誘餌欺騙、遠中近和近迫防空系統層層攔截，有著多重挑戰。

▶ F-CK-1 掛載萬劍飛彈，萬劍飛彈具有稜角的匿蹤外型、摺疊收起的高展弦比彈翼、渦扇引擎的進氣口。Photo：Jepuo Tsai

▶ 俄羅斯系的飛彈。兩排豎起的飛彈中，前排白色為空對空飛彈，後排深色為主是空對地武器（包含飛彈與炸彈）。對比之下，對地攻擊的武器需要更多炸藥去摧毀目標，因此通常較大也較重。Photo：作者

# 預警機與加油機

▶ E-2C 鷹眼預警機。Photo：Jepuo Tsai

　　**空中預警指揮機**（AWACS，Airborne Warning and Control System）在戰場中擔負關鍵角色，其重要性堪比數架、甚至數十架戰機。它能直接偵察空域，並指揮各戰機執行被派定的任務。

　　預警機位於戰場較後方的位置，在我方戰機的保護下，利用其遠距離偵蒐雷達探測整個廣大空域，同步跟蹤上百個空中目標，並將其所獲得的資料傳送給前方雷達探測能力相對較弱的戰機，再利用先進的指揮體系對各處我方戰機指派任務，指揮特定戰機去迎擊特定方向的敵機。

**空中加油機**（aerial refueling tanker aircraft）為戰機的力量倍增器。加油機在戰鬥空域後方來回飛行，為燃料即將耗盡的戰機進行加油，增加其續航力、滯空時間；或戰鬥機群飛往遠方進行長距離打擊時，攜帶彈藥有重量，多少會影響航程，此時加油機的任務就是在行程中為它們進行空中加油，以擴大整體機群的作戰半徑。

　　空中加油機的加油桁（「加油管」的專業術語）分為**硬管式**和**軟管式**，硬管式加油速度較快（快 2 倍甚至更多），但通常一次只能為一架飛機加油；軟管式加油可同時為兩架飛機加油，但加油時間較長。戰機進行空中加油時無法進行空戰，因此加油時間愈長就愈危險。

　　戰機在設計之初，就已經決定機身上受油管的種類。大部分的戰機都採用軟管式受油，只有美國空軍以硬管式加油為主。

▶氣流流經圓盤雷達會對其後流場造成干擾，故加裝了四片垂尾增強穩定性。

Photo：Rulong Ma

▶硬管式空中加油桁的特寫（KC-135）。Photo：作者

▶ A330MRTT 空中加油機。Photo：Desmond Chua

# CHAPTER 08

# 評估戰鬥機作戰效能的方式

▶ F-22 整合了匿蹤、AESA 雷達、向量推力、超音速巡航，毫無疑問是目前最好的空優戰機。Photo：作者

要評估戰鬥機作戰效能，在帳面上可從匿蹤能力、航電與飛彈、航程與載彈量、機動性，以及最後也最重要的，這些戰機的實戰效果。

# 是否具備匿蹤能力

如第六章所述，低可探測性（俗稱匿蹤）能讓一架飛機具備「敵明我暗」的優勢，包括雷達匿蹤（外型最重要，其次塗料、機體材料）和降低紅外線訊跡（尤其是發動機噴嘴及其排氣）。不過，躲在暗處只是比較不容易被發現、追蹤與鎖定，並不代表完全不會被發現。畢竟匿蹤設計主要針對戰機鎖定用的 X 波段的雷達波，而且還有飛機不同部位被雷達波照射到的照射角度問題，不同條件下所產生的雷達反射訊號大小都不同。

# 二

# 雷達等航電的等級 以及飛彈的優劣

▶歐洲颱風戰機。Photo：Jim Russell

如第六章所述，**雷達**還是飛機的主要探測器，即使部分飛機有裝探測熱源感測器 IRST，大體上也只是輔助性質。

雷達的重要指標有：

· 對戰機尺寸目標的最大探測距離、搜索的角度範圍、資料更新率。

· 最多能同時追蹤幾個目標，並同時攻擊其中的幾個。

· 對抗電子干擾的能力等。

其他航電系統包括其他探測器（各式紅外線、光學探測系統、對地攻擊用的標定莢艙等）、主動電子干擾系統、電子偵察或偵照莢艙、和僚機預警機或地面的資料交換系統等。

**先進的飛彈**也很重要，畢竟再強大的戰機，最後都要用飛彈去攻擊敵方。飛彈的導引控制系統是關鍵。如第七章所言，以空對空飛彈來說，中遠程飛彈主要用雷達導引，短程飛彈主要用紅外線導引。飛彈要能發現並鎖定敵機，不被電子干擾或誘餌欺騙，再以靈活的機動性將敵機擊落。

其中，飛彈的**射程**是一項重要指標。射程的概念還可細究，如考慮我機是面對面飛向敵機或我機尾追敵機。不過整體而言，增加飛彈的射程能在更遠的距離就開始攻擊敵機，增大敵方不可逃逸區的範圍。若飛彈能在全射程範圍內都保持高速（極高的動能），則優勢會更明顯。

# 航程與載彈量

▶ F-15SG。Photo：Desmond Chua

　　航程與載彈量會直接決定一架飛機的戰鬥力。航程會影響戰鬥機的作戰半徑。**作戰半徑**由油料和掛載（payload）決定（這也是為什麼第七章有講到加油機能增加作戰半徑），戰機通常使用三分之一的油料飛到作戰區域、三分之一用來執行任務、三分之一用於回程，而能執行特定任務的最遠距離便是作戰半徑。戰機要有夠大的作戰半徑，才能帶足夠飛彈（尤其是較重的對地對艦攻擊武器）到夠遠的地方執行攻擊任務，提升威懾範圍，或在空中滯留更長的時間，不然對敵方目標就只能是處於看得到、打不到的窘境。

# 四

# 飛機的機動性

▶ Su-35S。Photo：Jepuo Tsai

　　在討論飛機的機動性時，我們主要看四個指標：升阻比、負載係數、推重比、翼負載。

　　負載係數與翼負載於第五章介紹過。戰機最大的負載係數就是所謂的最大過載，現代戰機大多都在 -3G ～ +9G 之間，這也差不多是飛行員能承受的人體極限；而翼負載依設計任務導向為空優戰機或戰鬥轟炸機，會有略有不同，以戰機的纏鬥來說，低一點比較好。

　　**升阻比**在第一、第五章都有提過，它只取決於氣動力外型設計，和

飛機的預期使用條件有關，有的戰機強調高空高速、有的強調中低空纏鬥。高空高速的飛行器，相較於「增升」（增加升力），它們的氣動力外型反而更重視「減阻」（減少阻力）。相對而言，升阻比大的飛機有更遠的航程與更好的燃油經濟性。

**推重比**只和飛機本身重量以及發動機推力有關，是上述四者中最重要的指標，對飛機的加速性能有直接的影響。

如第三章所言，發動機的推力分為不開後燃器的「軍用推力」，以及開後燃器的「最大推力」。推力愈大，許多飛行性能也會跟著愈好。不過戰機開後燃器所衝出的最大速度卻不一定要快到什麼程度（後燃器很耗油，而且會造成噴嘴過熱，故只是拿來做短期衝刺用），因此戰機的極速其實相對來說沒那麼重要。比如 F-35 極速為 1.6 馬赫，以戰機而言算普通。

▶陣風戰機（Rafale）。Photo：張弘熙

現役大部分戰機的軍用推力時的速度都是接近音速,無法到超音速,所以它們的氣動力外型大多數是以(特定飛行高度的)「**高次音速纏鬥飛行**」為最佳化設計。

　　最後,空戰機動粗分為持續機動和瞬間機動。

　　**持續機動**主要發生在接近視距(目視可及的範圍,通常指 38 公里左右)甚至視距外,不斷進行爬升、俯衝、持續轉彎等動作,維持高度與速度的機動,負載係數通常在 5G 以內,比較吃耐力。這通常**雙發(有兩具發動機)重型戰機**比較有優勢。

　　**瞬間機動**基本上是兩機接近到了短程格鬥飛彈的射程,相當於到了白刃戰的階段才會使用的機動,更為劇烈,但會導致高度與速度下降,這時**機鼻指向性**就非常重要,誰能迅速改變飛機姿態,將機鼻對準敵機,使雷達照射到對方,鎖定目標,並在電光石火之間發射飛彈擊落敵機,誰就能獲得空戰的勝利。而這通常是鴨翼布局,或有向量推力的飛機比較有優勢。

▶德國與美國聯合開發的 X-31 實驗機。Photo：黃竣民

# 可靠性及實戰效果

▶ F/A-18F。Photo：Desmond Chua

帳面上的性能再怎麼厲害，要實際能運用才是真的。

在飛機設計上，有個概念稱為「RMS」，代表 Reliability（可靠性）、Maintainability（可維護性）、Safety（安全性）。這三者的好壞雖然不會直接反映在性能數據，但對一架飛機的操作運行可説是影響深遠。

可靠性的概念包含各種耗材零件的使用壽命、後勤維修保養的依賴程度、整體的妥善率（飛機可出勤時間／全部服役時間）等。

至於實戰效果，美國許多武器之所以能在國際軍火市場上熱銷，有很大程度是因為美國武器在中東的幾場戰爭中都經過「實戰檢驗」。一般武器的數據是由軍火商在實驗場的理想情況所測量，或軍隊在承平時期演習時所獲得，但在面對真實敵情威脅、甚至兵荒馬亂的實戰下到底能實際發揮出來多少性能，才真正反映一項武器的戰力。

　　最典型的例子就是美國的 F-4 戰機，一開始對此戰機的設想是以空對空飛彈進行空戰，因此設計時直接取消了機砲，然而到了越戰時才發現當時用的空對空飛彈命中率很低，而且真正的空戰環境和預想差距很大，戰機時常要在近距離交戰，所以只好在後續的 F-4E 型把機砲裝回去。

　　相反的，F-16 則是一款經過實戰驗證（Combat-Proven）的戰機，在 1981 年以色列攻擊伊拉克核電站的行動、1991 年美國參與的波斯灣戰爭等行動中都有實戰運用，且都有非常不錯的表現。

# CHAPTER 09

# 實例探討

▶中華民國空軍 F-16。Photo：M.H.Liao

在前面的章節介紹完戰鬥機相關的基本航空知識後，本章將以 F-16 這款非常經典的單發輕型戰機為對象，進行更深入的研究，也算是集前面所有知識之大成，並同時對簡單介紹幾款世界各國比較先進的戰機。

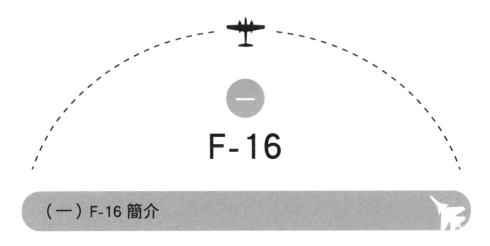

## 一

# F-16

## （一）F-16 簡介

F-16 的定位是一款單發輕型多功能戰機。

美國空軍擁有 F-15 這樣的雙發重型戰機後，廣袤國土的制空任務已經得到很有效的保障，然而，儘管 F-15 擁有優異的制空作戰效能，它的造價卻很高昂，維護保養也很昂貴，即便是軍費相對充足的美國空軍也不可能把它當作唯一的裝備進行大量採購；此外，F-15 的任務過於單一，只能擔負空優任務，其他的如轟炸、對地精確打擊、近接地面部隊支援、攻擊敵方防空系統、偵察、反艦等任務都不能兼顧（不過 F-16 多功能的特點是後來才漸漸發展出來的，並非提出性能需求之初就強調的重點）。因此美國空軍開始招標另一款戰機，它要相對便宜，以利於大量裝備；另一特點是，在第四代戰機發展的中期，相較於以前第三代戰鬥機強調的高空高速、快速升空攔截，新一代戰機更強調靈活的中低空飛行性能。最後，YF-16 和 YF-17 經過一番比較後，YF-16 成功中選，也就成為了現在的 F-16。

由以上發展脈絡可知，F-16 在設計上被要求是一款中低空機動性強，在空優任務上能輔助 F-15 且價格不能太高的戰機。更具體來說，它要在 30000 ～ 40000 英呎、0.6 ～ 1.6 馬赫的區間內，有很好的機動性。

　　F-16 所採用的單發動機、常規佈局、翼胴融合（Blended Wing Body）、下腹式進氣、單垂尾的氣動力外型設計，配上最重要，也是奠定 F-16 在人類航空史上地位的「線傳飛控」（Fly By Wire）、「放寬靜穩定技術」（Relaxed Static Stability），鋁合金為主的機體材料（有利於節省成本），使其成功成為一架靈活的戰機，且價格上利於大量裝備。在這其中，F100、F110 系列發動機也有很重要的功勞，優秀的發動機賦予了 F-16 以輕型戰機來說相對遠的航程，以及理想的加速率、迴轉率和爬升率。

　　它的航電和飛彈也同樣重要，F-16 使用 1553B 匯流排，高效的整合了機上的航電系統；它更先進的飛行控制電腦讓其能夠首次採用放寬靜穩定技術，新型模組化任務電腦讓它能執行多種作戰任務、整合各式各樣的武器。此外，F-16 裝備的 AN/APG-66、AN/APG-68 脈衝督卜勒雷達（甚至 AN/APG-83 AESA 雷達），配合 AIM-120 主動雷達導引空對空飛彈，具備了全天候超視距空戰能力。在後續的發展中，F-16 整合了多種類的對地、對海、反輻射飛彈，以及電子干擾、偵察莢艙，使其真正的成為了一架多用途戰機。

　　儘管 F-16 先天機體的氣動力外型就是針對中低空纏鬥進行最佳化設計，且整體布局僅有單具發動機，在更高更快的飛行區間中，空戰能力不如 F-15，也受制於本身較輕較小的平台，雷達的功率和天線的大小不如 F-15 和 F-18，它仍然在自己的定位扮演了很好的角色。對許多國家來說，F-16 的空戰性能、作戰半徑也綽綽有餘了。

　　類似的機種還有 JAS-39E、殲 10C 這些後起之秀。

▶新加坡空軍 F-16C。Photo：Desmond Chua

## （二）F-16 的型號發展

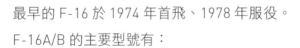

最早的 F-16 於 1974 年首飛、1978 年服役。

F-16A/B 的主要型號有：

· Block 1

· Block 5

· Block 10

· Block 15

· Block 15 OCU（Operation Capability Upgrade）

· Block 15 ADF（Air Defense Fighter）

· MLU（Mid-Life Upgrade）

· Block 20

在這些型號中，F-16A/B Block 15（1981 年）/ Block 15 OCU（1987年）/MLU（1995 年）較重要。

F-16A/B 裝備 F100-PW-200 發動機，軍用推力 65.2kN，最大推力105.9kN；雷達則是 AN/APG-66 雷達（最大探測距離約 150km，但實際可發現距離要看雷達掃描角度的大小和目標的雷達反射截面積）。早期的 AN/APG-66 對空只具有仰視、俯視、自動追蹤、空中纏鬥這四種模式，尚無連續波照明的功能，因此不能導引空對空飛彈進行超視距空戰，到了後期的（V）1 和（V）2 雷達，才增加了掃描、追蹤、追蹤同時掃描、連續波照明等功能。

F-16A/B 從 Block 15 OCU 上開始具備發射 AIM-120 空對空飛彈的能力，MLU（Mid-Life Upgrade，中壽性能提升）則是在 Block 15 OCU的基礎上採用了新的模組化任務電腦，配備 AN/APG-66（V）2 雷達，使其可以最多追蹤 10 個空中目標，並用導引 AIM-120 同時攻擊其中的6 個。

▶ F-16。Photo：M.H.Liao

▶ F-16。Photo：M.H.Liao

　　1984 年，Block 25 服役後，後續批次的 F-16 型號迎來較大幅度的改良，因此就不再以 F-16A/B 命名，而改稱為 F-16C/D（其中 A 和 C 代表單座，B 和 D 代表雙座）。

　　F-16C/D 的主要型號有：

· Block 25

· Block 30/32

· Block 40/42

· Block 50/52

· Block 50/52 Advanced/CCIP（Common Configuration Implementation Program）

· Block 60/62

· Block 70/72

其中尾數 0 代表使用 GE 公司出產的發動機，尾數 2 代表使用 PW 公司出產的發動機。

F-16C/D 從 Block 25（1984 年）開始，雷達升級為 AN/APG-68 雷達，最大探測距離約 296.32km，對雷達反射截面 5 平方公尺的典型戰機尺寸目標，探測距離約 105km，整體探測距離有所延伸。

從 Block 30/32（1986 年）開始升級發動機，Block 30 採用 F110-GE-100（軍用推力 76.3kN，最大推力 131.5kN）；Block 32 採用 F100-PW-220（軍用推力 64.9kN，最大推力 105.7kN）；Block 30B/32B 具備發射 AIM-120 的能力。

到了 Block 40/42（1988 年），雷達的配備從 AN/APG-68（V）1 到（V）4（中間的（V）2 和（V）3 是外銷型號）都有，並能夠使用 LANTIRN 莢艙（Low Altitude Navigation and Targeting Infrared for Night，夜間低空導航暨紅外線標定莢艙），使其具備全天候的對地攻擊能力。

1991 年，第一架 F-16C/D Block 50/52 出廠，這是一個里程碑式的型號。

從這個型號開始，雷達換裝成 AN/APG-68（V）5，採用新的訊號處理器使運算能力提升，發動機則有用於 Block 50 的 F110-GE-129（軍用推力 76.3kN，最大推力 128.8kN），和用於 Block 52 的 F100-PW-229（軍用推力 75.6kN，最大推力 126.7kN）兩種可供選擇。此外，還加裝了新型的 GPS 接收機、H-423 雷射陀螺儀、AN/ALR-56M 雷達警告接收器、AN/ALE-47 干擾絲與熱焰彈發射器等；後續還全部升級成（V）7、（V）8 雷達，能夠使用更多對地攻擊武器，且能夠執行反輻射任務（攻擊敵方防空系統），稱為 Block 50D/52D。

1992 年，美國宣布同意出售中華民國 F-16 戰機，然而美方並未直接出售 F-16C Block 50/52，而是在 F-16A Block 15OCU 後期型機身的

基礎上，配合當時其他國家正在進行的 F-16A MLU 計畫，對其進行改良，等於是利用部分 F-16C 的技術成果對 F-16A 進行升級，形成了特別的 F-16A/B Block20。這個批次的 F-16 配備 AN/APG-66（V）3 雷達（AN/APG-66（V）2 的降階版，但仍保留連續波照明、引導 AIM-120 進行超視距空戰的能力）、F100-PW-220 發動機（軍用推力 64.9kN，最大推力 105.7kN）。

專屬於中華民國空軍的 F-16A Block 20 於 1997 年首飛，1998 年服役。

2002 年，美國推出 F-16C Block 50/52 Advanced ，將雷達升級到 AN/APG-68（V）9 水準，增加了合成孔徑模式，能更精確掃描地面並繪圖，有利於執行對地攻擊任務，並可在機身上加裝適型油箱（特點是能加裝在機身上，並和機身融成一體）；同一年一同執行的 CCIP 則是一項升級計畫，將各種 Block 40/42/50/52 批次的飛機統一升級到相當於 Block 50/52 的規格。

2003 年，換裝 AN/APG-80 主動電子掃描相位陣列雷達（AESA Radar）的 F-16C/D Block 60/62 首飛，也稱為 F-16E/F。除航電系統大幅更新之外，發動機方面有 F110-GE-132（軍用推力 84.5kN，最大推力 144.5kN）和 F-100-PW-232（最大推力 142.2kN）可供選擇。

2012 年，F-16C/D Block 70/72 的概念被正式發表，也就是普遍被稱為 F-16V 的機種。2015 年，第一架 F-16V 首飛。

F-16V 除了狹義的指 F-16C/D Block 70/72 這種新造的飛機，也泛指任何既有的各型號各批次 F-16 升級至相當於 Block 70/72 科技水準後的產品。F-16C/D Block 70/72 的雷達是 AN/APG-83 AESA 雷達，發動機為改進後的 F110-GE-129 或 F100-PW-229，此外還加裝新一代航電，如自動地面防撞系統（Auto GCAS）以加強飛航安全性等。

　　中華民國空軍於 1997-2001 年間引進 150 架 F-16A/B Block 20 戰機（至 2022 年 1 月已失事墜毀 9 架），配備 AN/APG-66（V）3 雷達和 F100-PW-220 發動機。近 20 年後，它們於 2018 年開始進行中壽性能提升（MLU，Mid-Life Upgrade），換裝 AESA 雷達等新一代航電，更新部分機體結構以延長使用壽命後，升級至 F-16V 的水準，代號為 F-16AM/BM。2019 年，美國宣布出售 66 架全新的 F-16V，採用 F-16C/D 較大的機體，一樣配備 AN/APG-83 AESA 雷達以及全新的航電設備，並換上推力更大的 F110-GE-129 發動機，正式代號為 F-16C/D Block 70。

▶ F-16。Photo：M.H.Liao

## （四）F-16A/B Block 20 性能列表

### 機體

- 機高：5.090 m
- 翼展：9.449 m
- 全長：15.027 m
- 空重：8272 kg
- 翼面積：27.87 m2
- 機內燃油搭載量：4060 liters
- 正常起飛重量：12003 kg
- 最大起飛重量：19187 kg

### 引擎

- 引擎：F-100-PW-220
- 引擎推重比：7.8：1
- 最大推力：軍用 63.9 kN，開後燃器 105.72 kN
- 水平飛行最大速度： Mach 2.05
- 最大升限：18300 m
- 作戰半徑：900 km
- 最大航行距離：4220 km
- 推重比：1.11
- 負載範圍：+9G/-3G

### 雷達

- 雷達：AN/APG-66（V）-3 Pulse-Doppler Radar
- 工作模式：

- 對空（同時追蹤 10 個目標並攻擊其中的 6 個）

- 對地

- 對海（全天候）

- 工作頻率：6.2-10.9 GHz

- 對空探測距離：

  - 150km（*左右 ±10°、俯仰 ±1.5° 掃描*）

  - 80km（*左右 ±30°、俯仰 ±3° 掃描*）

  - 40km（*左右 ±60°、俯仰 ±6° 掃描*）

## 攻擊與防禦

- 敵我識別：AN/APX-113（V）敵我識別器

- 防衛：AN/ALR-56 M 雷達警告接收器、AN/ALE-47 誘餌灑撒系統等

- 空優武裝：

  - M-61 20mm 機砲

  - AIM-9M 短程空對空飛彈 ×2

  - AIM-120C-5 中程空對空飛彈 ×4

  - 副油箱 ×2

  - AN/ALQ-184 電子干擾莢艙 或 機腹下副油箱（1135 升）×1

- 其他武器：

  - AIM-7 空對空飛彈

  - AGM-65 空對地飛彈

  - AGM-88 反輻射飛彈

  - GBU-10 雷射導引炸彈

  - GBU-12 雷射導引炸彈

  - AGM-84 反艦飛彈等

- 莢艙：
  ○ LANTIRN 夜間低空導航暨紅外線標定莢艙（Low Altitude Navigation and Targeting Infrared for Night，搭配 AN/AAQ-20 與 AN/AAQ-19 搭配一起使用）
  ○ AN/ALQ-184 電子干擾莢艙
  ○ AN/VDS-5 LOROP-EO 偵照莢艙等

## （五）F-16C/D Block 70/72 性能列表

### 機體
- 機高：5.090 m
- 翼展：9.449 m
- 全長：15.027 m
- 空重：9207 kg
- 機體壽命：12000 小時
- 起飛外部酬載：超過 5000 kg
- 機內燃油搭載量（不含適型油箱 CFT）：3986 liters（Block 50）
- 空對空任務起飛重量：13154 kg（BLK 50）
- 最大起飛重量：21772 kg

### 引擎
- F-110-GE-129（Block 70）
  ○ 推重比：7.5：1
  ○ 最大推力：軍用 76.31 kN，開後燃器 131 kN

- F-100-PW-229（Block 72）

  ◦ 推重比：7.8：1

  ◦ 最大推力：軍用 79 kN，開後燃器 129.7 kN

- 水平飛行最大速度：

  ◦ Mach 2.05（高度 40000ft）

  ◦ Mach 1.2（海平面）

- 實用升限：15420 m

- 作戰半徑：

  ◦ 630 km（4 枚 2000-lb 炸藥，兩枚 AIM-9，副油箱燃油共 1287 升）

  ◦ 1370 km（2 枚 2000-lb 炸藥，兩枚 AIM-9，副油箱燃油共 3936 升）

- 最大航行距離：3890 km

- 推重比：1.095（內燃油 50 時約為 1.24）

- 負載範圍：+9G/-3G

雷達

- 雷達：AN/APG-83 AESA Radar，工作模式：對空、對地、合成孔徑模式、對海（全天候）　工作頻率：20 GHz 附近

- 掃描角度：±10°/±30°±60°（掃描角度大則探測距離小），同時追蹤 20 個目標並攻擊其中的 6 個（至少）

- 對空探測距離：370 km （最大）/ 90 km （對雷達反射截面 $1m^2$ 的準匿蹤目標；推測）

- 其他航電簡列如下：

  ◦ Digital Flight Control Computer 數位飛行控制電腦

  ◦ Modular Mission Computer 模組化任務電腦

  ◦ Advanced Data Transfer Equipment

  ◦ Common Data Entry Electronics Unit

- LN-260 Embedded GPS/INS LN-260 內建全球定位系統 / 慣性導航系統
- Multifunction Information Distribution System-Joint Tactical Radio System Link-16 （戰術資料鏈 Link-16）
- AN/ARC-238 Communication System AN/ARC-238 通訊系統
- Improved Programmable Display Generator
- Night Vision Imaging System
- Joint Helmet-Mounted Cueing System 等

## 攻擊與防禦

- 敵我識別：AN/APX-126 敵我識別器
- 防衛：
  - Have Glass II 匿蹤塗料
  - AN/ALR-69A 雷達警告接收器
  - AN/ALQ-254 V（1）電子干擾系統
  - AN/ALE-47 誘餌灑撒系統
  - AN/ALE-50 拖曳誘餌系統等
- 空優武裝：
  - M-61 20mm 機砲
  - AIM-9X 短程空對空飛彈 ×2
  - AIM-120C-7 或 AIM-120D 中程空對空飛彈
  - 副油箱 ×2
  - AN/ALQ-184 電子干擾莢艙 或 機腹下副油箱（1135 升）×1
- 其他武器：
  - AGM-65 空對地飛彈
  - AGM-88 反輻射飛彈

- GBU-24 雷射導引炸彈
- GBU-38 聯合直接攻擊彈藥
- AGM-84 反艦飛彈等
- 莢艙：
  - LANTIRN 夜間低空導航暨紅外線標定莢艙（Low Altitude Navigation and Targeting Infrared for Night，搭配 AN/AAQ-20 與 AN/AAQ-19 搭配一起使用）
  - AN/ASQ-213 HTS（HARM Targeting System）反輻射飛彈目標標定系統
  - AN/AAQ-228 LITENING 導航暨目標標定莢艙
  - AN/AAQ-33 Sniper XR 目標標定莢艙
  - AN/ALQ-184 或 AN/ALQ-211 或 AN/ALQ-131 電子干擾莢艙等

接下來的幾款戰機則僅會予以簡單介紹。

▶ F-16。Photo：M.H.Liao

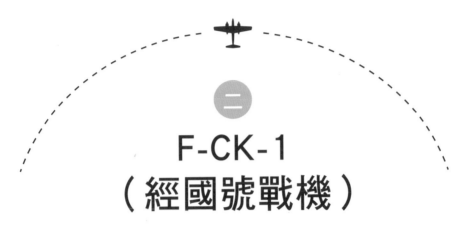

# F-CK-1
# （經國號戰機）

▶台南一聯隊的 F-CK-1 戰機。Photo：M.H.Liao

　　F-CK-1，又稱為經國號戰機或 IDF，為中華民國自製的輕型防禦性戰機，它也是第一架由華人自製的第四代戰鬥機，於 1989 年 5 月 28 日首飛，1992 年服役。

其性能與相關配備如下：

· 兩具 TFE-1042-70 渦扇發動機，軍用推力共約 6000 磅（約 52.92kN）、最大推力共約 18000 磅（80.36kN）

· 金龍 53 脈衝督卜勒雷達（代號 GD-53，整體性能接近 AN/APG-66），可導引天劍二型主動雷達導引空對空飛彈進行超視距空戰。

· 在氣動力外型上參照 F-16 與 F-18，著重中低空的高次音速纏鬥性能。

· 採用第四代戰機典型的線傳飛控、放寬靜穩定技術

· 航電架構使用 MIL-STD-1553 匯流排整合。

2009 年開始的翔展計畫，分兩階段將部署於台南和台中空軍基地的共 127 架 F-CK-1A/B 進行以航電系統為主的升級，已於 2017 年 12 月全數完成性能提升，提升後的飛機稱為 F-CK-1 A/B MLU。

F-CK-1 在發動機的取得上受美方很大的制約，兩具 TFE1042 引擎的總推力連 F-16 所配備的一具 F100 都不到，使得工程師必須在確保戰機機動性的先決條件下，被迫將飛機造得輕薄短小，很大程度限制了它的航程、掛載能力與續航力。儘管如此，運用在台灣的防衛上，F-CK-1 可以攜帶兩具副油箱與空對空飛彈四至六枚起飛，在此情況下的作戰半徑也已足夠。再加上它具備線傳飛控、放寬靜穩定、發射主動雷達導引飛彈攻擊視距外目標的能力，F-CK-1 的技術指標在 20 世紀 90 年代、21 世紀初算得上先進。在搭載重量較重的對地攻擊武器上，F-CK-1 雖然會顯得較為吃力，但畢竟這是國造戰機配備國造武器的組合，能讓我方更自由的運用而不會有政治、外交上的壓力。

整體來說，F-CK-1 是一架成功的第四代空優戰鬥機，也是我們國家航空工業的里程碑。

▶ F-16（左二）在我國空軍擔任主力，空優、對地攻擊、反艦等任務都由它承擔；F-CK-1（左一、右一）除了空優外，也輔助、支援對地任務的角色；幻象 2000（右二）數量相對較少，平台本身較大較重，是較好的制空戰機，專職空優任務（尤其是中高空）和高空高速攔截。 Photo： Jepuo Tsai

# 幻象 2000-5
（Mirage2000-5）

▶幻象 2000-5 戰機。Photo：作者

幻象戰機是中華民國空軍在 F-16V 形成戰鬥力之前最好的空優戰機，它搭載的 RDY 脈衝督卜勒雷達，配上 MICA 中距主動雷達導引飛彈，具備超視距空戰的能力。

　　它所配備的 M53-P2 發動機（軍用推力 64.3kN，最大推力 95kN）雖然推力不如 F-16 所使用的 F100 系列，但幻象 2000 用複合材料打造更輕的機身，無尾三角翼的氣動力外型也讓它飛行的阻力更小（尤其在高速時）且利於減輕結構重量，因此它仍有很不錯的推重比、加速性、爬升率。

　　此外，幻象戰機還在機身尾部加裝針對來襲飛彈做防禦的電子干擾系統，在空戰時，等於是多了一層防護屏障。

# 世界各國的先進戰機

四

## （一）F-15E

▶ F-15E。Photo：Desmond Chua

　　F-15E 是一款基於雙座的 F-15 平台改良而來的戰鬥轟炸機。戰鬥轟炸機必須掛載更多炸彈之類很重的對地攻擊武器，這代表它的機體要造得更堅固，此外雷達和其他航電還要支援更多對地攻擊的相關功能，相對的，它就不需要像空優戰機那樣非常強調靈活飛行。它充分發揮了 F-15

系列載彈量大、航程遠的特點，還配上了適型油箱，在保留對空作戰能力的同時，具備強大的對地攻擊能力。

而 F-15K、F-15SG 這些後續型號，更換裝 F110-GE-132 發動機，還有 APG-63 AESA 雷達等先進航電，屬於攻擊性極強的機種。

## （二）Su-30

▶ Su-30。Photo：Jepuo Tsai

Su-30 是基於雙座 Su-27 發展而來的戰鬥轟炸機，定位和 F-15E 相同，也是在保留空戰能力的同時，具備強大對地攻擊能力的戰轟機。Su-30 戰機承襲 Su-27 家族舉升體機身的氣動力外型設計，整體而言有較佳的升阻比，有利於提高航程和空中機動；此外，在伊爾庫次克廠（Irkutsk）生產的 Su-30MKI/MKM/SM 系列型號上，還多加了鴨翼以改善操控性，並具有 AL-31FP 向量推力發動機、N011M PESA 雷達、OLS-30 IRST 系統，可說是戰鬥轟炸機中的經典之作，戰鬥力極為強大。

▶歐洲颱風戰機。Photo：M.H.Liao（上）、Jim Russell（下）

歐洲颱風戰機是世界上最先進的第四代戰機之一，它在設計上以空優任務為主，但也可以很好切換到對地、對海用途。以四代機而言，歐洲颱風戰機、陣風戰機、Su-35、F-15EX 都是同一個等級的頂尖四代機。

　　颱風戰機採用鴨式佈局、三角翼設計，有很好的機鼻指向性，適合高空高速飛行；它擁有非常輕的機身（大量使用複合材料）、高推重比的兩具 EJ200 發動機，讓它在進行能量空戰（在空戰時擁有較多總力學能）時更有優勢、具備很強的爬升率與超音速巡航能力。

　　颱風戰機的 CAPTOR-D 脈衝督卜勒 /CAPTOR-E AESA 雷達、PIRATE IRST 系統、流星飛彈，讓它有很卓越的超視距空戰能力，整合各種警告器和誘餌的 DASS 防禦系統，也讓它在面對來襲飛彈時有更完整高效的防護。

　　最後，颱風戰機的機身正面有經過一些匿蹤化處理，它正面的雷達反射截面積明顯小於一般的第四代戰機，其中技術包含機身大量使用複合材料、進氣口微彎成弧形、機身飛彈掛架採用半埋式等。半埋式設計是在機身挖出半圓形的弧口，將飛彈置入其中，此設計具有降低阻力與雷達反射截面積的效果，也有利於超音速巡航。

▶ Su-35。Photo：Jepuo Tsai

Su-35 是能和歐洲颱風相提並論的第四代戰機，甚至在某些項目略為超過，如具有五代先進態勢感知能力的航電（能更好地感知周遭空域的飛機、海域的船隻、地面的防空火力分布）、大航程、超機動性，這是因為 Su-35 整合第五代戰機 Su-57 的航電架構中較成熟的部分，搭載到 Su-27 這樣優秀的平台。

Su-35 承襲了 Su-27 經典的氣動力外型設計（整體機身還略有放大），把發動機升級成推力更大的 AL-41F1-S 向量推力發動機，用更輕的材料（相較於 Su-27/30）來打造機身，配上全新的航電架構、N035 PESA 雷達、OLS-35 IRST 系統，和 Su-30SM（Su-30 各型號中戰力最強的版本）一樣，是 Su-27 家族（包含 Su-27、 Su-30、Su-33、Su-34、Su-35）當中非常經典的機種。

▶ F-22。Photo：Desmond Chua

　　F-22 是世界上第一架第五代戰鬥機，在 20 世紀末、21 世紀初，它完全是以「終極戰鬥機」這樣的角色存在著。F-22 配備 AN/APG-77 AESA 雷達、兩具 F119-PW-100 向量推力發動機（單具的軍用推力 116kN、最大推力 156kN——而且它有兩具），並融合了匿蹤外型、超機動、超音速巡航、先進航電，是所有面向都位於頂點的革命性空優戰機。

　　直到目前為止，也只有 Su-57 能和它達到同一水準。

▶ F-35。Photo：M.H.Liao

F-35 是新世代的聯合攻擊機，它不再像 F-22 一樣只強調制空作戰，而把任務的重點放在多用途、強大的態勢感知能力、協同作戰能力（CEC，Cooperative Engagement Capability）等，在未來的空戰中擔任戰場管理者的角色。

它的態勢感知能力是藉由自身強大的傳感器（如 AN/APG-81 AESA 雷達、AN/AAQ-40 EOTS 光電標定系統、AN/AAQ-37 EODAS 光電分散式孔徑系統）獲得更多戰場資訊；接著展現其協同作戰能力，透過資料鏈引導友軍（不管是匿蹤機還是非匿蹤機，甚至是無人機）執行各種任務、「組網」出擊，可說是擔負戰場「節點」的角色。

它所配備的 F-135 發動機（軍用推力 124.6kN、最大推力 191.35kN）也讓其具備了不錯的飛行性能。

# CHAPTER 10

# 其他飛行器

▶ JAL B787-9 降落松山機場 。Photo：作者

# 民用大型客機

民航客機著重**安全性**與**可獲利性**。

以**安全性**來說，飛機的各個部件都要非常可靠，新飛機也要經過非常長時間、縝密的各種測試，才能取得適航認證、准予在各國領空飛行。因此，民航機通常大量使用成熟零件、成熟的技術；飛行員的培訓、體格標準、維修保養、在空中和起降時的調度等等，也都有嚴格的操作準則。

至於**可獲利性**，其實不只有大家最熟悉的省油、降低燃料成本。航空公司的支出有很大一部份在飛機的保養和維修上，因此，相較於軍用機，民航機更是極度追求維修簡化性、裝備可靠性。另外，在燃料經濟性的追求上，除了大家熟悉的改善飛機的氣動設計、使用更輕的材料外，使用新型航空發動機更是扮演至關重要的角色，畢竟，航空發動機是飛機上直接燒油的地方，從改善航空發動機的燃油效率開始著手，會比改善氣動力設計與材料還要更直接，並起到重大作用。

**高展弦比機翼、高旁通比發動機、圓柱形機身**，這些都是民航機追求燃油經濟性的共同特徵。

就工程角度來說，民用大型客機和一般軍用戰機設計上最大的不同，就在於使用高展弦比的機翼（降低誘導阻力，提高升阻比）、高旁通比的渦輪扇發動機（燃油經濟性更佳，對時速 500 公里以下的區域小型客機，使用渦輪螺旋槳引擎更有效率，如 ATR-72）、圓柱形半硬殼

式機身（以在高空承受機艙內外的氣壓差）。這乃是因為民航機普遍不追求超音速，也不像戰機需要在空中做各種空戰機動，只需平穩飛行就好，剩下就能省油盡量省油。

▶ A330-300、B787-9。photo：作者

對航空公司而言，飛機的可營利性也與合適的載客量有關。不同的航線、不同的的旅客人數（旅行淡季和旺季的差別也有影響）會使用不同大小的飛機，比如小型航線用 B737、A320，中型航線用 A330、

B787，大型航線用 B777、A350。藉由航線大小與飛機的適切配置，盡可能使每一班飛機都坐滿，並且盡量壓縮飛機來往各航點時於機場停留的時間（占用停機坪愈久，就要付愈多租金給機場），都可以替航空公司減少更多支出、獲得更多收益。

▶華航 B747-400F 貨機。Photo：Rulong Ma

▶華航 A350-900。Photo：Facebook 粉絲專頁 台灣航空愛好者 Taiwan Aviation Lover

▶ A350 鈍型機鼻、圓柱型機身 。photo：作者

▶ A350 配備的 Trent XWB 高旁通比渦扇發動機。photo：作者

▶ A350 高展弦比機翼。photo：作者，地點位於夏威夷

# 二 無人機

▶中科院自製的大型無人機。Photo：Jepuo Tsai

　　無人機（UAV, Unmanned Aerial Vehicle）與一般飛機的不同之處在於沒有載人，它因而少了很多人因工程的考量。此外，小尺寸無人機通常採用電力推進系統，不同尺寸的無人機會使用不同的動力來源：

· 大型無人機：使用渦扇引擎、渦槳引擎。
· 中型無人機：使用往復式活塞螺旋槳引擎。
· 小型無人機：大多使用電力驅動螺旋槳。

它們共同的設計特徵就是具有展弦比極高的機翼，用來加強續航力（滯空時間）。

　　由於渦扇、渦槳引擎和往復式引擎在前面有提過，以下介紹的推力來源以以電力推進系統為主。

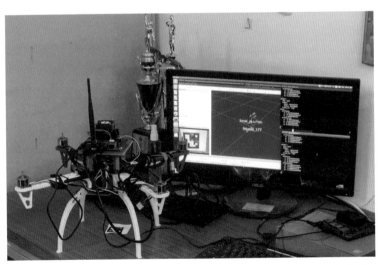

▶作者大四下學期時，在系上實作課和另外兩個組員一起完成的四旋翼無人機，用 QR Code 圖像識別方式來做空間定位 。Photo：作者

**電力推進**與**燃油推進**的根本區別是非常明顯的。電力推進是將電池裡的化學能藉由電流釋放出來變成機械能，燃油發動機是將燃料的化學能釋放出來變成機械能，電力輸出功的過程不像燃油發動機需要經過加熱、放熱的循環，較沒有熱能耗損的問題，故能量利用率較高。

另外，相較於一般的引擎，電力推進系統只要電流一來就能馬上輸出功，沒有複雜的機械構造、不須經過壓縮空氣或冷卻等熱循環的步驟，使其反應速度快很多，一下就可以輸出機械能。

但相較於燃油加引擎的組合，電池作為一種儲能裝置，儲能太少、重量太重，電池的能量密度（物質每單位質量所能儲存的能量大小）遠不如燃油；況且，飛機在飛行時會燃燒燃油，減輕重量，但電池沒辦法愈飛愈輕。再說，品質不良的電池若時常儲存非常大的能量，誇張一點來說，就相當於一顆未爆彈；相較之下，一般的燃油引擎只要顧好油箱、密封好燃油，並把引擎熄火，就能確保安全。

綜合上述，電力推進有其優勢，但未來還是有許多挑戰要克服，故目前主要還是只有在小型無人機上使用。

另外，由於無人機不載人，它可以節省掉很多關於維護人員生命安全、舒適飛行的相關設備，如逃生系統、彈射座椅、氧氣面罩、艙內溫度和壓力的調控系統等，因此減少重量與造價；此外，無人機相較於載人機，可以更長時間不休息執行任務，或是在比較惡劣、高風險的環境下執行任務。

# 直升機

▶ UH-60M 黑鷹直升機，是美國直升機的經典之作 。Photo：作者

　　直升機（helicopter）靠不斷轉動的主旋翼提供升力，並且，當機身（更精確的說是主旋翼的旋轉平面）往某一側傾斜時，主旋翼產生升力的水平分量，讓直升機前進後退、往左往右。

　　主旋翼提供的升力大小和其轉速與攻角有關，若攻角恰到好處，讓升力等於重力，直升機保持在固定高度飛行或懸停；若攻角大一點，則升力會大於重力，直升機就會往上升；反之，攻角小一點，它就會下降。

## （一）直升機獲得升力的原理

直升機的主旋翼可以看成是展弦比極高的機翼，它的攻角如同飛機的螺旋槳可以調整，其功能與飛機的機翼相同，只不過直升機需要其發動機（通常使用重量相對小、輸出功率相對大的渦輪軸發動機）不斷輸出軸功，帶動主旋翼旋轉，才能使主旋翼保有一股相對風，提供升力；相對來說，飛機只要向前衝，有氣流流過機翼，就會有升力產生（當然，兩者也都會有阻力）。

所以，相較於飛機，對直升機來說，發動機空中停車（停止運轉）是更加危險的，因為只要發動機停止運轉，直升機就會幾乎馬上失去升力，「就地」開始自由落體運動（其實失去動力的直升機也可以用旋翼自轉的方法進行飄降，只是未必會成功）；相較之下，失去動力的飛機通常仍保有向前的動量，故基本上都能維持空速，接著再不斷消耗剩餘的高度，用位能換取動能，爭取不斷嘗試讓發動機重新啟動的時間，或盡可能徐緩迫降。

不過反過來說，飛機需要依靠快速氣流流過機翼才能起飛，相較來說，直升機只要讓主旋翼快速轉動就能獲得升力，所以起飛或降落時不需要滑跑，不用跑道，能夠輕易的實現垂直起降、滯空懸停等操作（這些動作都是一般飛機不可能做到的），有很強的機動性，在執行某些任務時具有明顯優勢。

然而，不斷旋轉的主旋翼，也給控制機身造成了問題。

想像一架直升機懸停在空中，此時重力與升力大小相等、作用方向相反，因此可以互相抵銷，此時只需考慮力矩。

對於封閉系統，如果沒有外來的力或力矩，其合力與合力矩為零。在這樣的情況下，假設主旋翼逆時針旋轉，那直升機的機身就會朝相反

方向旋轉，也就是順時針旋轉。然而在現實情況下，這樣的情況明顯是不能被接受的（畢竟長時間乘坐在不斷快速轉圈的機身內並不切實際，且極易失控），所以工程師們想出了一個解決辦法：在尾部裝一個旋轉方向垂直於主旋翼的小槳葉，也就是**尾旋翼**。

▶美製 AH-64E 長弓阿帕契武裝直升機。Photo：作者

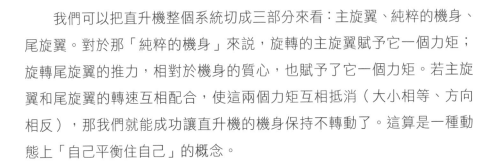

## （二）直升機平衡機身的方式

我們可以把直升機整個系統切成三部分來看：主旋翼、純粹的機身、尾旋翼。對於那「純粹的機身」來說，旋轉的主旋翼賦予它一個力矩；旋轉尾旋翼的推力，相對於機身的質心，也賦予了它一個力矩。若主旋翼和尾旋翼的轉速互相配合，使這兩個力矩互相抵消（大小相等、方向相反），那我們就能成功讓直升機的機身保持不轉動了。這算是一種動態上「自己平衡住自己」的概念。

不過實際上，直升機有時為了進行某種空中機動，會讓調控尾旋翼的速度，刻意地讓自己的機身轉動，等到機頭轉至特定方向時，再平衡回來。另外，尾旋翼的轉動平面也可以調整，不一定總是垂直於主旋翼的轉動平面，這一切都是為了更細微的機身姿態控制。

▶黑鷹直升機的尾旋翼特寫，尾旋翼的轉動平面可以透過機械結構調整。Photo：作者

▶美製 V-22 魚鷹直升飛機。
Photo：Desmond Chua

　　當然，除了加裝尾旋翼，還有其他方法可以穩住機身，如美國的 CH-47 直升機將兩片主旋翼前後並列，美國的 V-22 魚鷹直升飛機則是左右並列。

　　另外，俄羅斯 Ka-52 則採用**共軸反槳布局**。共軸反槳佈局是將兩個旋轉方向相反的主旋翼一高一低疊在一起，這樣一來就不會對機身施加力矩。這種布局的優點是避免尾旋翼在平飛或懸停時虛耗能量，畢竟尾旋翼占用了發動機所輸出的一部份功率，但沒有貢獻升力。而共軸反槳布局的兩個主旋翼都能在這些飛行情況下有效將能量變成升力。

▶美製 CH-47 直升機 。Photo：作者

▶俄羅斯卡莫夫設計局製造了一系列共軸反槳式直升機。Photo：Jepuo Tsai

美麗的錦繡河山，輝映著無敵機群
————空軍軍歌

▶ Photo：Jepuo Tsai

# 參考資料

- Fluid Mechanics （Fox, McDonald, Pritchard, Mitchell）
- Fundamentals of Aerodynamics （Anderson）
- Mechanics of Materials （Goodno, Gere）
- Moran' s Principles of Engineering Thermodynamics （Moran, Shapiro, Boettner, Bailey）
- Introduction to Flight （Anderson）
- Military Avionics Systems （Moir, Seabridge）
- Fundamentals of Fighter Design （Whitford）

# 延伸閱讀

　　以下大致參照國立成功大學工學院航空太空工程學系 110 級教科書（每屆教科書可能會隨教授的選用而有所更改，但基本上都大同小異）。

## 基礎科學：

- Essential Calculus （Stewart）
- Principles of Physics （Halliday, Resnick, Walker）
- C++ How to Program Late Objects Version （Deitel, Deitel）
- Advanced Engineering Mathematics （Kreyszig）
- 其他推薦書：
  - 計算機概論 （趙坤茂 張雅惠 黃寶萱 全華出版）
  - 程式設計與生活 （邏輯林 全華出版）
  - Advanced Engineering Mathematics （O' Neil）
  - 工程數學學習要訣（上）（下）（劉明昌 高點文化出版）

# 結構與材料：

- Engineering Mechanics：Statics （ Hibbeler ）
- Materials Science and Engineering （ Callister, Rethwisch ）
- Mechanics of Materials （ Goodno, Gere ）
- Fundamentals of Aircraft Structural Analysis （ Curtis ）
- 其它推薦書：
  - Introduction to Aircraft Structural Analysis （Megson）

# 流體力學與空氣動力學：

- Fluid Mechanics （ Fox, McDonald, Pritchard, Mitchell ）
- Fundamentals of Aerodynamics （ Anderson ）
- 其他推薦書：
  - Aerodynamics for Engineers （ Bertin, Cummings ）

# 燃燒、熱傳與噴射推進：

- Moran's Principles of Engineering Thermodynamics （ Moran, Shapiro, Boettner, Bailey）
- Incropera's Principles of Heat and Mass Transfer （ Incropera, Dewitt, Bergman, Lavine ）
- Elements of Gas Turbine Propulsion （ Mattingly ）
- 其他推薦書：
  - The Jet Engine （Rolls-Royce）

# 導航與控制：

- Engineering Mechanics：Dynamics （Meriam, Kraige, Bolton）
- Electrical Engineering：Principles and Applications （Hambley）
- Feedback Control of Dynamic Systems （Franklin, Powell, Emami-Naeini）
- Introduction to Flight （Anderson）
- Flight Dynamics Principles （Cook）
- 其他推薦書：
  - Modern Control Systems （Dorf, Bishop）
  - Control Systems Engineering （Nise）
  - 自動控制概論 （陳朝光、陳介力、楊錫凱，高立出版）
  - Communication Systems （Haykin, Moher）
  - Introduction to Avionics Systems （Collinson）
  - Aircraft Communications and Navigation Systems(Tooley, Wyatt)
  - Military Avionics Systems （Moir, Seabridge）
  - Nonlinear Systems （Khalil）
  - Civil Avionics Systems （Moir）
  - 非線性控制 （楊憲東）
  - 數位航空電子系統 （林清一）

# 飛機設計：

- Fundamentals of Aircraft and Airship Design Volume 1 - Aircraft Design （Nicolai, Carichner）
- 其他推薦書：
  - Fundamentals of Fighter Design （Whitford） ISBN：1840371129, **高度推薦**
  - Design for Air Combat （Whitford）
  - Stealth：Deception, Evasion, and Concealment in the Air （Doug Richardson）
  - Aircraft Systems：Mechanical, Electrical and Avionics Subsystems Integration （Moir, Seabridge）
  - Flight：The Complete History （Grant） （Publisher：DK）
  - ダイナミック解 飛行機のしくみパーフェクト事典 （鈴木真二）
  - 飛機的構造與飛行原理 （中村寬治）
  - 圖解戰鬥機空戰戰術技法 （毒島刀也）
  - F-16 戰隼式戰機 博聞塾出版 ISBN 978-986-95821-5-5
  - F-35 閃電 II 式戰機 博聞塾出版 ISBN 9789869582179 （日文 9784802207584）
  - Su-35 第一冊 縱橫萬象（楊政衛）
  - Su-35 第二冊 機體 動力 控制 飛行（楊政衛）
  - Su-35 第三冊 航電百科（楊政衛）
  - 航空業經營與管理（張有恆）
  - Missile Design Guide （Eugene L.Fleeman）
  - Jeppesen Private Pilot
  - 民航維修概論：成為航空器維修工程師的第一步（郭兆書）

# 推薦社群媒體

作者粉專：航向三萬英呎
https://www.facebook.com/107029551829016/

相片提供者：M.H.Liao
https://www.instagram.com/phantom.mh/

相片提供者：Desmond Chua
https://www.instagram.com/dc_ah/

相片提供者：Rulong Ma
https://www.instagram.com/rulong.aviation/

Youtube 頻道：馬卡耶夫
https://www.youtube.com/c/ E9 A9 AC E5 8D A1
E8 80 B6 E5 A4 AB E9 80 A0 E9 A3 9E E6 9C
BA/

Youtube 頻道：單單機長説
https://www.youtube.com/user/tropria1121

臉書粉專：
楊政衛「玄武雙尊 - 俄羅斯第五代戰機」
https://www.facebook.com/russiat50su35bm

臉書粉專：James 的軍事寰宇
https://www.facebook.com/panzerwaffe.de

尖端科技軍事雜誌
https://www.facebook.com/DTMMAG

臉書粉專：航空最前線
https://www.facebook.com/profile.
php?id=100063523885745

軍事連線雜誌 官方網站
https://mlink.com.tw/

▶航行於三萬五千英呎高空。這張照片是 2017 年 9 月初，作者搭乘中華航空 B737-800
從日本返台途中所拍下

 感謝母校國立成功大學

| | |
|---|---|
| | **知的！217** 戰鬥機設計與運作原理：<br>帶你了解戰機的外型、材料、引擎，實戰能力，與武器的科學 |
| 作者 | 王臙天 |
| 審訂 | 賴維祥 |
| 編輯 | 許宸碩 |
| 校對 | 許宸碩 |
| 封面設計 | 初雨有限公司（ivy_design） |
| 美術設計 | 初雨有限公司（ivy_design） |
| 創辦人 | 陳銘民 |
| 發行所 | 晨星出版有限公司<br>407台中市西屯區工業30路1號1樓<br>TEL：（04）23595820<br>FAX：（04）23550581<br>Email：service@morningstar.com.tw<br>https://star.morningstar.com.tw<br>行政院新聞局局版台業字第2500號 |
| 法律顧問 | 陳思成律師 |
| 初版 | 西元2022年12月1日 |
| 再版 | 西元2024年8月15日（四刷） |
| 讀者服務專線 | TEL：（02）23672044 /（04）23595819#212 |
| 讀者傳真專線 | FAX：（02）23635741 /（04）23595493 |
| 讀者專用信箱 | service @morningstar.com.tw |
| 網路書店 | https://www.morningstar.com.tw |
| 郵政劃撥 | 15060393（知己圖書股份有限公司） |
| 印刷 | 上好印刷股份有限公司 |

**定價新台幣450元**

（缺頁或破損的書，請寄回更換）

ＩＳＢＮ：978-626-320-269-6
Published by Morning Star Publishing Inc.
Printed in Taiwan

國家圖書館出版品預行編目資料

戰鬥機設計與運作原理：帶你了解戰機的外型、
材料、引擎,實戰能力,與武器的科學 / 王皥天著.
-- 初版. -- 臺中市 :晨星出版有限公司,
2022.12
　面；　公分. --（知的! ; 217）
ISBN 978-626-320-269-6（平裝）

1.CST: 戰鬥機

598.61　　　　　　　　　　　111015657

掃描QR code填回函，成爲晨星網路書店會員，
即送「晨星網路書店Ecoupon優惠券」一張，同
時享有購書優惠。